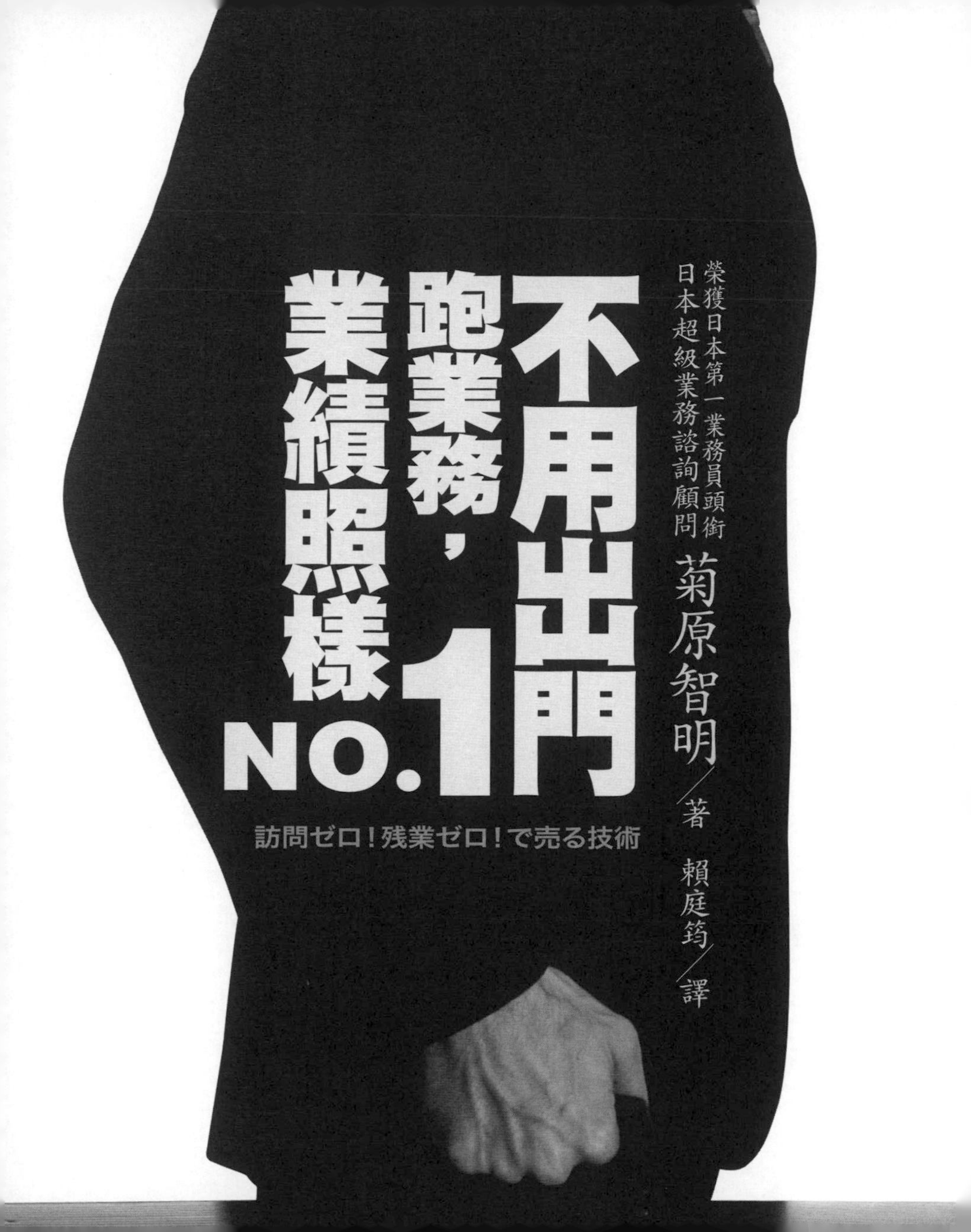

不用出門跑業務，業績照樣NO.1

訪問ゼロ！残業ゼロ！で売る技術

榮獲日本第一業務員頭銜
日本超級業務諮詢顧問 菊原智明／著

賴庭筠／譯

前言

不好意思，在此要為各位介紹兩種完全不同典型的業務員。

不知道你是屬於哪一種呢？

業務員Ａ**「從一大早工作到深夜」已經成為他的習慣**。

他總是拜訪客戶直到晚上九點，接著下來回到公司製作檔案資料及估價單。

在公司待到十二點已經是家常便飯，有時候甚至還會忙到深夜一、兩點。

疲倦的Ａ回到家後唯一能做的就只有睡覺。

即便是過著這樣的生活，他的業績也完全毫無起色。

無論是他的工作還是私人生活，都稱不上是充實。

每天只能歎道：

「這種生活還要持續過多久……」

另一方面，業務員B每天準時一到下班時間就會開始收拾，然後跟同事們道聲「我先走了」便離開公司下班回家。

旁人總覺得不可思議，「他到底是什麼時候在工作的啊？」

乍看之下，他的工作量根本不到其他業務員的一半。

然而每個月他都能有很好的業績，同時還是個活力十足的超級業務員。

老實說，這兩個類型完全相反的業務員都是我！

不斷加班卻沒有達到業績的A，是在一家建設公司工作七年的我。

而每天準時下班卻能有效創造業績的B，則是在那之後，連續四年獲得業績冠軍的我。

沒錯，我就是在某種契機下，從一個很糟糕的業務員，躍升為業績亮麗的超級業務員。

自從我晉身為超級業務員後，我就深深地相信一件事。

那就是——「只要付出時間，就能做出成績」這個觀念實在是錯得離譜。

如果方法錯了，花再多的時間也不會有用。

不僅如此，當我們不斷、不斷地工作，卻看不見任何成效時，說不定還會對自己的工作心生厭煩。

相信現在正在閱讀這本書的你，一定是每天要拜訪客戶，而且還要準備大量書面資料的業務員吧？

你之所以會對這本書有興趣，想必是因為你辛苦工作卻事與願違，業績遲遲沒有起色吧！

為了這樣的你，我將在本書當中介紹**「不用拜訪」、「不用加班」也能做出業績的竅門**。

這些都是我在從事業務工作時親自實踐，或從其他頂尖業務員那裡學習而來，能真正派得上用場的業務竅門。

在此先介紹本書的內容架構。

在第1章，我會說明讓我業績轉好的契機——「**業務信**」。這是一種可以代替自己前去拜訪客戶的魔法工具。

在第2章，我會以「**對話設計圖**」為基礎，告訴各位在接觸客戶時，如何在最短的時間內讓對方留下好印象。如果我們能在「初見面的15秒」內讓對方產生良好印象，那之後的商談便會更加順利。

在第3章，我會介紹使用「**客戶應對手冊**」迅速成交的快速洽商術。此外，我也將一舉公開屬於我個人的獨門成交技巧。

在第4章，我會說明忙碌業務員必須具備「**善用客戶的技巧**」。業務員的業績愈好，愈需要懂得利用此項技巧。

在第5章，我會告訴各位不需勞心勞力就能開拓新市場的方法——「**讓客戶為你介紹新客戶**」的精髓。尤其是如何掌握介紹的時機，相信一定可以帶給各位很大的助益。

在第6章，我會提到「待辦事項清單」、「提前30分鐘抵達辦公室」等「讓工作更具效率的技巧」。相信很多人知道這些方法，但也請詳加閱讀，以確認自己是否有所遺漏。

本書是為了以下這些人而寫。

・想結束沒有效率的拜訪與加班，哪怕只是早一點點，也想趕快下班的人。
・想成為準時下班同時能擁有亮麗業績的頂尖業務員的人。
・想養成「不用加班」習慣，讓私生活更充實的人。

本書如果能讓你成為「不用拜訪」、「不用加班」，卻能創造不凡業績的業務員，那將是我的榮幸。

業務諮詢顧問　菊原智明

目錄

第1章 不需拜訪，讓客戶自動找上門來的神奇工具

第2章

你給我15秒，我給你美好印象

第3章 迅速成交的快速洽商術

第4章 忙碌業務員一定要善用客戶

第5章 讓客戶幫你開拓新市場

第6章 減少無謂的工作——頂尖業務員工作術

第1章

不需拜訪，讓客戶自動找上門來的神奇工具

現在的客戶
最討厭業務員突然拜訪

公司裡有個資歷比我淺的同事，他一個人住，我曾經這麼問他。

我：「你回家之後，如果有業務員來拜訪，你會怎麼做？」

同事：「很麻煩耶，我一定不會開門。」

我：「那如果是電話呢？」

同事：「嗯……我不會接家裡的電話。如果是要事的話，他就會在答錄機裡留言，或者打手機給我吧！」

我：「那你為什麼還要到客戶家拜訪，還有打電話給客戶呢？」

同事：「那是工作啊，沒辦法。如果不這麼做的話，會被主管罵吧！」

正如同事所言，現在很少客戶能夠接受業務員的突然拜訪或打電話過來。

無論是沒有約時間，還是想要用電話約時間，效果都不怎麼好，而且大部分還會造成反效果。

雖然如此，但業務員在實際工作時，如果晚上七點到九點出現在公司，很多主管就會破口大罵：「你在搞什麼！現在不是客戶最常在家的時間嗎！」

沒錯，晚上七點到九時的確是客戶下班返回家中的時間。

就算男主人還在加班，大部分女主人也都會在家。

不過，在這些人當中有幾成的人會歡迎不請自來的業務員呢？

就像一開始提到的那位同事一樣，幾乎每個人都會覺得很困擾吧！

我認為像這樣「臨時去拜訪就能獲得訂單」這種事，實際上二十年前才可能行得通。

以前的確只要挨家挨戶拜訪，就能開拓客源。

但現在客戶的想法與生活習慣都和以前大不相同。

特別是二十歲到三十歲的客戶，他們不會打開門歡迎這種不請自來的業務員，幾乎所有人都很重視自己的隱私。

業務員如果一味地做一些讓客戶討厭的事，是很難有所成績的。

因此，與其如此倒不如去思考要怎麼做，才能完全消除造成別人困擾的拜訪呢？

不需拜訪的秘訣在於「業務信」

事實上，我在某家建設公司工作時，也是不斷地拜訪客戶，造成客戶的困擾，而且持續了將近七年的時間。

我每天都拜訪客戶到很晚，當我去拜訪客戶，客戶根本沒有好好認真地聽我說話。

這種狀態持續了好長一段時間，最後我得了「拜訪恐懼症」，幾乎沒有辦法前往客戶家中拜訪。

而使我改變的，就是——「業務信」。

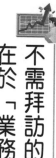

關於業務信，在我第一本作品《訪問しないで「売れる営業」に変わる本》（不用拜訪的「超級業務員」，大和出版）一書中有詳細的說明，在這一章節中僅介紹精華部分。

想要了解詳細的內容，請一併閱讀此書。

業務信若用一句話來說明的話，就是代替拜訪寄送到客戶手上的信件。

就像前面所說，現在的客戶很討厭不請自來的業務員。

那麼，與其臨時前去拜訪，不如事先以信件和客戶做接觸，大多會產生比較好的效果。

業務信由下列三個階段所構成。

①接洽信（Approach Letter）

接洽信主要由「明信片」、「自我介紹」、「問候語」與「重要消息」四個部分所構成。將這四個部分組合起來，逐步寄給客戶，進而建立與客戶之間的信賴關係。

②回覆信（Response Letter）

以接洽信建立起與客戶之間的信賴關係後，接著就是要寄送回覆信。簡單來說，回覆信的目的在於「讓客戶找上門來」，比接洽信更高一層。

③加強信（Closing Letter）

加強信指的是在與客戶交涉時所寄送的信件。具體來說，是寄送下次會議內容的資料，或是在會議結束後寄上補充資料。寄送加強信能維持客戶的熱度，提高洽商時的簽約率。

閱讀到這裡，可能有人會認為「但我的工作就是要拜訪客戶啊，可用不到什麼業務信」。的確，有些業務員不像建設公司或汽車公司的業務員，必須在展場等處與客戶接洽，因此做法也有所不同。

在這裡建議專職跑業務，也就是拜訪客戶的業務員，其實，態度可以更積極一些。在拜訪的前一、兩天**寄封問候信給客戶，告訴客戶「自己是基於什麼目的而前去拜訪」**。

光是做這個動作，就可能提高客戶的回應率。實際上，我已經指導過一些專職拜訪的業務員這個技巧。

針對已經有既成客戶的業務員，我也會在後面說明該如何活用業務信。

那麼，現在就讓我們來看一下不同階段的業務信重點。

第一階段 「創造交集」！

如前面所述，「接洽信」是由四個部分組合而成。

①明信片

明信片的作用是可以寄給在展場見過一次面的客戶，或者是之後要拜訪的客戶。

重點是「預告之後會寄送的業務信（重要消息）」、「就算只有一部分也好，一定要親手寫幾個字」。可以參照24頁，製作固定形式，附上照片及聯絡方式的明信片，寄送時只需要將手寫文字寫在表示說話內容的對話框裡即可。

②自我介紹

這是為了要讓客戶「了解自己的人格特質」。請各位注意，在寫自我介紹時，不要只是單純地羅列出事實，像履歷表上的經歷欄一樣。

如果可以，請盡量用「說故事」的方式，陳述一個關於自己的獨一無二的小故事。

突然要各位寫故事，可能有些困難，那麼請先模仿與本書同類型的商業書籍的「作者介紹」。優秀商業書籍的作者介紹，除了介紹作者本身之外，也都是一則則很好的「小故事」。

③問候語

問候語要與後述的「重要消息」一同寄送。簡單來說，就是說明「隨函附上這些資訊」的信件。

不過，如果問候語寫得很制式，對方就不會留下什麼印象。因此要加入「讓客戶了解自己的字句」、「讓客戶覺得很貼心的字句」。請參考25頁的例子。

④重要消息

提到「重要消息」，各位可能會想到特價活動，或者是說明公司產品優點的資料。但由於還在接觸階段，這個部分請先不用提。因為這個時候的客戶，想要了解的不只是公司產品而已。

對客戶而言，現階段真正重要的訊息是「業務員想要隱藏的資訊，或是客戶購買商品的失敗案例」等等，重點是要將這些資訊「系列化」再寄給客戶。

若是能做到這一點，那麼重複幾次以後，雖然只是信件，我們也能創造與客戶之間的交集。詳情請參考26頁到27頁的例子。

把這四個部分組合起來寄送給客戶。而寄送時機，我會與回覆信、加強信一同在35頁加以說明。

明信片範例

預告重要消息

〇〇先生／女士

今天很高興能與您見面，日後我會寄上一些房屋建設方面的資訊，還請您撥空參考看看，謝謝！

謝謝您之前告訴我那些有趣的事。

〒000-00 〇〇縣市〇〇鄉鎮市區〇〇〇〇分公司
TEL 00-0000-0000
手機 0000-000-000

聯絡方式

〇〇〇〇（股）
個人理財顧問
菊原　智明

只要在代表說話內容的對話框內寫上文字即可

問候語範例

讓客戶了解自己的字句

請客戶覺得貼心的字句

○○先生／女士

　　您好，我是菊原，就算放假還是在為○○先生／女士的事而努力。

　　看來這寒冷的天氣還會持續好一陣子，請您一定要特別注意身體。

　　這次要寄給您的重要資訊是「沒有地方擺電視！」

日前有客戶在蓋房子的時候，窗子做得太大了，導致最後沒有地方放電視。

　　相信這份資料一定能成為您在往後蓋新房子時的重要參考，還請您撥空看一下，也請不吝賜教。

聯絡方式→　○○○○（股）
0000-000-000
0000@000.xx.xx
菊原智明

【沒有地方擺電視！】
該如何預防？

構思客廳的設計真的是件令人開心的事。
客廳是家人朋友歡聚一堂的地方，
希望窗子能做得大一點，讓客廳顯得開闊、明亮！
很多客戶在設計客廳時會提出這樣的需求，
但這種想法會出現一個很大的問題。
沒錯！如果做了一片很大的窗戶或裝置櫃，
那在擺放電視時就會造成問題。
各位未來在設計時請一定要特別注意。

解決方法

①設計客廳時一定要先決定電視、家具的擺放位置。
②重複確認自己實際的生活形態。
③製作窗戶時要考慮反射在電視螢幕上的日照光線。

聯絡方式→ ○○○○（股）
0000-000-000
0000@000.xx.xx
菊原智明

附上解決方法，讓客戶覺得你是個值得信賴的業務員

重要消息範例

系列化
～重要消息～
vol.○
【沒有地方擺電視！】
這樣子……電視要擺哪裡啊？
大窗戶是很好……可是沒有地方放東西啊！
電視螢幕反光，都看不到東西啦！
早知道就應該多留一點壁面！
經常有客戶向我們反應新房子「沒有地方擺電視！」
要怎麼做才能防範於未然呢？
告訴客戶的失敗案例

第二階段——「主動出擊」！

前面介紹的「接洽信」，說穿了只是一種「守株待兔的營業工具」。

當我們利用接洽信建立了信賴關係時，相信有些客戶會自動地找上門來（要求估價或詢問更詳細的商品介紹）。

但是，如果我們只是一味地等待客戶，自然沒有什麼效率可言。

這時候就要利用「主動出擊的工具」，也就是——「**回覆信**」。

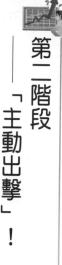

回覆信的內容要能夠促使對方採取「**低門檻行動**」，才能讓客戶早一步主動找上門來。

舉例來說，以我之前曾經服務過的建設公司為例，可以在回覆信上寫道「提供一百種以上室內隔間圖」，若是汽車公司的話就可以寫「汽車汰舊換新金額高達20%?!」等等。

對這些內容有所反應的客戶，為了取得資料，自然就會主動與你或你的公司聯絡。

當然，我們不可能只是因為客戶來索取資料，就跟他談起生意。

然而，**「讓客戶開口」這件事非常重要**。

「在需要的時候，很有可能會找曾經諮詢過的公司」因為客戶心理就是這樣。

從心理層面來看，對那些曾經索取資料、對商品感興趣的客戶而言，你就是離他最近的業務員。

30頁是回覆信的範例，請大家針對自己負責的商品，思考一下該如何撰寫回覆信的內容。

在這裡介紹一個進階技巧。大家在習慣了寫回覆信後，可以試著挑戰**「縮小目標客戶範圍」**。

回覆信範例

為了開始設計新居的你……

我們準備了 100 種 30～45 坪的室內隔間圖！
全部免費贈送！

●如果您符合下列條件，請馬上與我們聯繫！
→覺得自己思考該如何隔間很麻煩的人
→有初步的想法卻無法加以說明的人
→擔心自己設計的隔間在使用上會出現問題的人

貼上
照片

限前二十名回函者，將免費獲得多達100種，最基本、最實用的室內隔間範例。

心動了嗎？馬上填妥姓名、地址，傳真給我們吧！
或者您也可以選擇用電子郵件、電話與我們聯絡，聯絡方式請參考下方說明。

FAX　00-0000-0000
地址＿＿＿＿＿＿＿＿＿＿＿＿＿＿＿＿
姓名＿＿＿＿＿＿＿＿＿＿＿＿＿＿＿＿

聯絡方式→　○○○○（股）
0000-000-000
0000@000.xx.xx
菊原智明

我的經驗是，在寄送回覆信時，與其以廣大客戶為對象，不如以特定條件縮小客戶範圍，這樣更能提高回覆率（客戶主動找上門來的比例）。

- **年齡**（例　給未滿〇歲想要購買公寓大廈的人）
- **地區**（例　給想買〇〇區土地的人）
- **時間**（例　給想在〇月〇日前入住的人）

請以上述條件為例，把收信人的範圍縮小吧！

這樣一來，就會產生「這是在說我吧」的共鳴，並有所回應的客戶就會增加。

第三階段——「預留商機」！

如前面所述，「加強信」是在交涉階段寄出的業務信，它的目的在於——

①交涉時寄出信可以維持客戶的熱度。

②藉由信件讓忙碌的客戶想起下次約定的時間。

③「預告」下次討論的內容及補充上次說明的資料，消除客戶的不安。

不過，加強信最大的目的就在於「確實取得正在交涉客戶的合約」。

製作加強信時請參考下一頁的範例，可以預告下回討論內容，或對之前的討論做補充說明，這樣的形式比較自然。

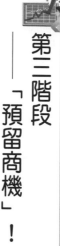

加強信範例

下次見面我們會跟您討論有關～

我們之所以會推薦您考慮向○○銀行貸款的五個理由：

①○%的利息十分划算！
可配合還款計劃，自由選擇四種固定利率（固定兩年）。

②完全不需保證金！
一般來說，若辦理 30 年 2000 萬日圓的貸款，多數銀行會收取 100 萬日圓左右的保證金，但○○銀行完全不收保證金。

③可免費申請提前償還！
若是手頭有一筆錢，可免費提前償還（一般來說，此項申請需要支付 5000～1 萬日圓的手續費）。

④可免費申請固定利率！
首次固定利率計算期間結束後，仍可免費選擇長／短期的固定利率（一般來說，此項申請需要支付 5000～1 萬日圓的手續費）。

⑤可免費加保房貸險！
若發生萬一時，此保險會為您清償剩餘貸款，而且不收您一毛保費（根據保險內容不同，房貸險 30 年的保費通常會超過 100 萬日圓）。

聯絡方式→ ○○○○（股）
0000-000-000
0000@000.xx.xx
菊原智明

「業務信」的各個寄送時機？

那我們應該在什麼時候寄送接洽信、回覆信和加強信呢？

下一頁是理想的寄送排程，請各位參考。

當然，這只是一個範例，就算沒有按照這個排程寄送，也請儘管放心。

有時候，我們還沒有寄送回覆信，客戶就已經自動找上門來了；或者在我們仍處於洽商階段，還沒有寄送加強信之前，就已經和客戶談妥合約了。這些情況都有。

請各位根據自己與客戶之間的信賴關係予以調整，像是增加信件寄送的次數、或者省略不寄。

請記住，在重複測試幾次之後，就能找出適合自己的排程。

業務信的理想寄送排程

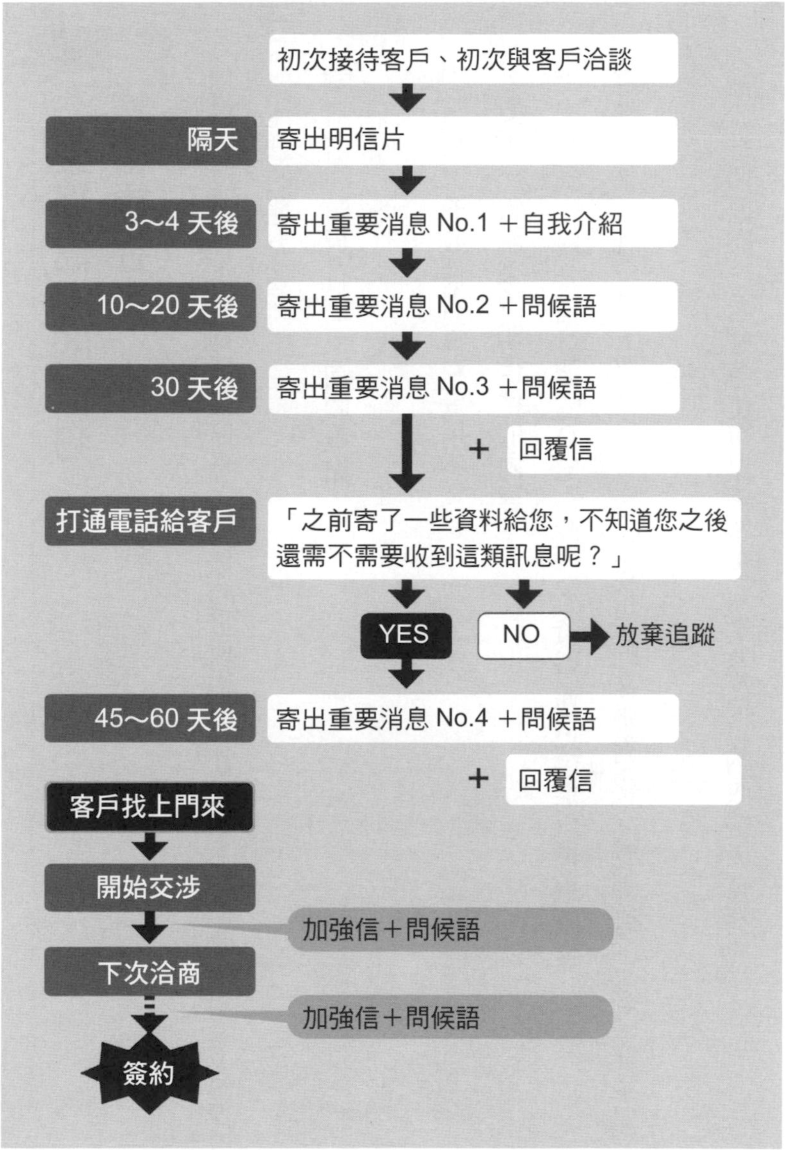

初次接待客戶、初次與客戶洽談
隔天
寄出明信片
3～4 天後
寄出重要消息 No.1 ＋自我介紹
10～20 天後
寄出重要消息 No.2 ＋問候語
30 天後
寄出重要消息 No.3 ＋問候語
＋ 回覆信
打通電話給客戶
「之前寄了一些資料給您，不知道您之後還需不需要收到這類訊息呢？」
YES
NO
放棄追蹤
45～60 天後
寄出重要消息 No.4 ＋問候語
＋ 回覆信
客戶找上門來
開始交涉
加強信＋問候語
下次洽商
加強信＋問候語
簽約

「業務信」的信封也很重要！

相信各位已經了解到業務信寄送時機的重要性，在這裡，我們要來談業務信信封需要注意的地方。

業務信的信封有以下兩個重點。

①信封上的收件者資料要用手寫。

②要用一句話來說明信件的內容。

大家收到一般公司行號的ＤＭ，收件者資料通常都是以標籤製作。

這樣一來，就會讓人覺得是寄送給不特定的多數對象，絲毫感受不到寄件者的心意。

基於這個原因，希望各位可以親筆書寫業務信上的收件者資料。

此外，用一句話說明信件內容也是一個重點。

「業務信」信封的注意事項

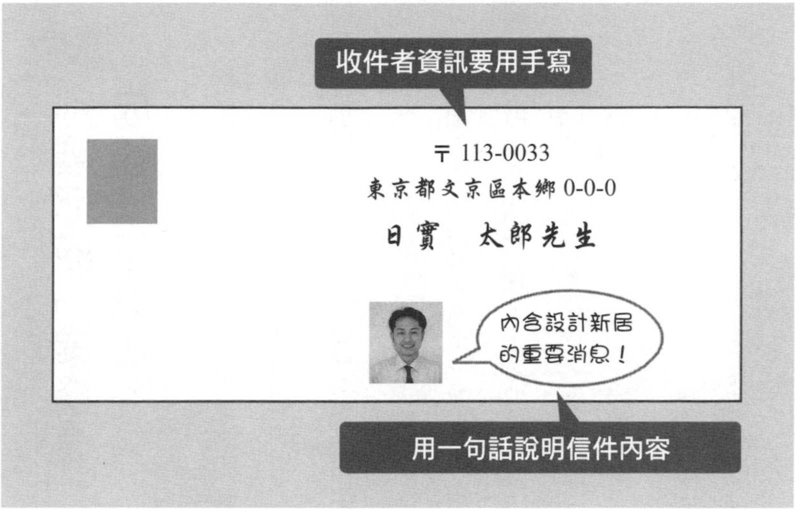

剛開始接觸時，客戶對業務員還不熟悉，告訴客戶信封裡裝了些什麼，是為了讓客戶在收件時能感到安心。

如果能用照片與表示說話內容的對話框來呈現，效果會更好。光是這兩點，就能改善業務信的拆封率。

別讓你的「業務信」成了「垃圾信」

相信各位已經了解了業務信的製作及寄送方式。

不過有一點要請各位特別注意，那就是——業務信的分量。

特別是抱持「既然只要寄業務信，不用拜訪就能建立與客戶之間的信賴關係，那我就來大寄特寄」這種想法的人，一定要注意才行。

試想，如果有個業務一次就寄一堆重要消息，或者是寄一份10到20頁「長篇大論」的自我介紹給你……。

那已經不是「業務信」，而是「垃圾信」了！

你要知道，客戶跟你一樣，每天都很忙碌。

如果你寄一份需要花很多時間閱讀的資料給客戶，他們一定不會看的。

請試著想像一下從拆信到讀信，你平均會花多少時間在一封信上呢？

我自己的話頂多只會花1到2分鐘的時間。

可以迅速看完的信件就會當場解決，若是看起來需要花一些時間讀的，就會先擱著再說。

信擱著也就意味著再也不會去看了。

請各位參考35頁的排程，每次寄業務信時，都要歸納出一個主題，並要有計劃性地寄送適量的業務信。

必須前往拜訪時，也可以妥善運用「業務信」

在我舉辦的業務通訊講座中，有名會員是工廠產品的業務員，需要去做固定拜訪的工作。

就他的工作性質而言，就不可能完全用業務信來取代拜訪。

儘管如此，這名會員如以下所述地將業務信活用在他的工作上。

會員：「最近我去拜訪客戶的時候，會直接把『問候語』交給對方。」

我：「你們不是已經見過面了嗎？」

會員：「沒錯，因為這樣對方才會更容易記得我。」

客戶在直接與業務員洽談時，會跟業務員聊很多。

當業務員呈上資料，也有客戶會客氣地說：「謝謝，我會參考的。」

不過，客戶跟你一樣，平常也是忙於處理工作及其他雜事。

經過一段時間之後，許多客戶就會忘記業務員及那些資料的存在。

那麼好不容易才送到客戶手上的資料，很可能就此化為泡影。

這個時候，只要在**資料上加上問候語**，效果就會很不一樣。

「啊，這是○○先生／小姐給我的資料啊！」

客戶只要看到問候語上的照片，想起你的可能性就會增加。

不只是已經有固定客戶名單的業務員可以這麼做，只要是必須前往拜訪客戶的業務員，都一樣可以通用。

儘管業務信可以取代拜訪，但那並不代表它會成為拜訪客戶時的阻礙。

即使無法做到不用拜訪，也請試著將業務信納入工作之中，找出專屬於你的活用方法吧！

「業務信」還可以幫你開創新客源

當業務信開始發揮效用時，一定會有許多客戶主動找上門來，而你也會突然變得非常忙碌。

事實上，當我的業績開始好轉時，我每個星期都排滿了與客戶洽談或簽約的行程。

雖然心裡總是想著「好忙、好忙」，但我還是很高興。這是當年那個與「洽談」扯不上邊、完全做不出業績時代的我，完全無法想像的心情。

然而，從沒有業績表現到業績良好的改變過程當中，令人感到擔心的是身陷於忙碌的行程，而無法分神開拓其他新客戶這件事。

洽談、協商、簽約後服務、處理緊急客訴……

「現在手頭上工作很多，沒有辦法顧及其他客戶。」

若因此忽略了其他客戶，再過一段時間，可能就會變回那個做不出業績的業務員了。

而能夠預防這種惡性循環的就是——業務信。

製作業務信並不是什麼困難的事。

一旦做出業務信的雛型來之後，我們要做的只是將它列印出來，並在信封上寫上收件者資料而已。

當你習慣了以後，那麼花不到兩分鐘的時間你就能完成一封業務信，也就可以活用你的零碎時間。

如此一來，不但能**做出好業績，還可以照顧到其他客戶。**

而這也是業務信的一大好處。
想要維持穩定的業績，業務信可說是不可或缺的工具。

第1章

重點整理

- 現在的社會很少有客戶能夠接受臨時的拜訪或電話拜訪。
- 「業務信」分為「接洽信」、「回覆信」及「加強信」三個階段。
- 「接洽信」的目的在於建立與客戶間的信賴關係。
- 「回覆信」的目的在於讓客戶主動上門。
- 「加強信」最大的目的在於與交涉中的客戶簽訂合約。
- 「業務信」信封的收件者資料要用手寫，並寫上一句說明信件內容的話。
- 就算前去拜訪，還是可以給客戶一封「業務信」。

第2章

你給我15秒，我給你美好印象

你該不會身為「自目業務員」而不自知吧？

以前我曾經為了業務調查，到鄰縣的一間樣品屋展示中心參觀。

我一走進去，銷售業務員馬上出來招呼，是一位感覺非常開朗、有精神的業務員。

因此，我對這位業務員抱著良好的印象。

業務員：「您好！歡迎光臨！在您參觀展場前，我可以先跟您介紹嗎？」

我：「可以，請說。」

業務員：「請您看看這個，這是其他公司使用的柱子與板材，而這個是我們公司使用的柱子。」

他一面這樣說一面向我介紹在玄關角落處擺放的柱材樣品。

然後他開始說明了起來。

十分鐘、二十分鐘過去了，只見他愈講愈興奮。

相對地，我卻愈聽愈痛苦。

因為他的說明根本沒有要結束的意思，因此我也只好很明顯地擺出一副「我不想聽」的態度。

然而，他完全沒有注意到。不僅如此，他甚至開始加速他的說明。

就這樣過了三十分鐘。三十分鐘一直站著說話真的很累。

連平常不太會抱怨的我，都無法忍受地開口說話了。

我：「你的說明已經很多了，先讓我看看客廳好嗎？」

業務員：「先生，這些事都很重要，請您一定要仔細地聽。」

這句話讓我好驚訝。

說真的，那時我心想「怎麼會有這麼白目的人啊！」

後來，我丟下一句「我還有事」，便離開那間展示中心。

仔細想想，他沒有讓我參觀到任何東西。

雖然一開始的印象很好，但期望愈大，失望也愈大。

前一陣子，我在上接待客戶的講座時，舉了這個白目業務員的例子，當做負面教材來談。

台下幾乎所有參加研習的人都笑了。

「哈……竟然有那麼糟糕的業務員啊……」

但有幾個人並沒有覺得好笑。

而其中有位學員這樣說道：

「我也做過同樣類似的事。」

那位學員說這下他知道為什麼客戶都討厭他了。

其實，我也沒有資格批評別人。

在我還是糟糕業務員的時代，在接待客戶的時候也曾經做過同樣的事情。

當時，公司要求我們，要向客戶說明我們與其他公司不一樣之處。所以我也不管客戶想要什麼，只知道拿著樣本、資料，拚命地向客戶說明我們跟其他公司的不同處。

然而，現在回想起來，身為一個業務員，卻無視客戶的需求而一味地說自己想說的話，真的是有夠「白目」到了極點。

在這個章節中，我會說明曾經身為白目業務員的我，如何成為了解客戶需求的業務員，並介紹與說明具體的使用工具與方法。

其中有些內容，大家可能會覺得「這不是理所當然的事嗎」，但是請各位抱持學習的心態來讀，檢視自己是不是一個白目業務。

敷衍了事的「糟糕業務員」

記得那時候我還是建設公司的業務員。

幾乎每到週末，我們就要在展示中心接待客戶。

一年至少要接待客戶五十到一百次。

根據產業的不同，接待客戶的次數也會有所增加。

前一陣子，我聽汽車業務員說，包括拜訪活動，他們一年要接待的客戶超過一千個以上。

剛進公司一～二年的業務員，會覺得認識新客戶、接待客戶這樣的工作既新鮮又有趣。

「Ｙｅｓ！這次我一定要成功！」

如果每次接待客戶都能這樣想，那就什麼問題也沒有。

況且隨著接待客戶次數的增加，當你習慣了以後，也會慢慢從中獲得成長。

不過，對已經從事業務工作三年以上的人來說，對於認識新客戶、接待客戶早已是司空見慣的事了。

雖然說習慣是件好事，但不少業務員會因為太過習慣而導致接待過程顯得粗糙、不夠細膩。

過去的我也是如此。

「嗄，怎麼又有客人……真麻煩。」

像這樣，會開始沒有辦法把精神集中在認識眼前的新客戶，或接待客戶上。

再加上精神和體力不可能隨時保持在最佳的狀況下。

在狀況不好的時候，經常就這樣垂頭喪氣地做接待。

最可怕的就是**我們會因為已經習慣**，而在不知不覺中開始「敷衍」起客戶來。

或者，**我們會基於以往的經驗法則**，而以有色的眼光來看待客戶。

這導致我們會輕易地往負面的方向下判斷：

「這種客戶只會隨便看看而已……。」

在這本書中介紹了不需要時間、體力，就能做出業績的竅門。

雖然如此，但「敷衍」絕對不是在節省你的體力。

你會這樣做純粹只是因為無法專心、集中力不足，就算接待了客戶，也無法抓

超級業務員擁有不凡的「集中力」

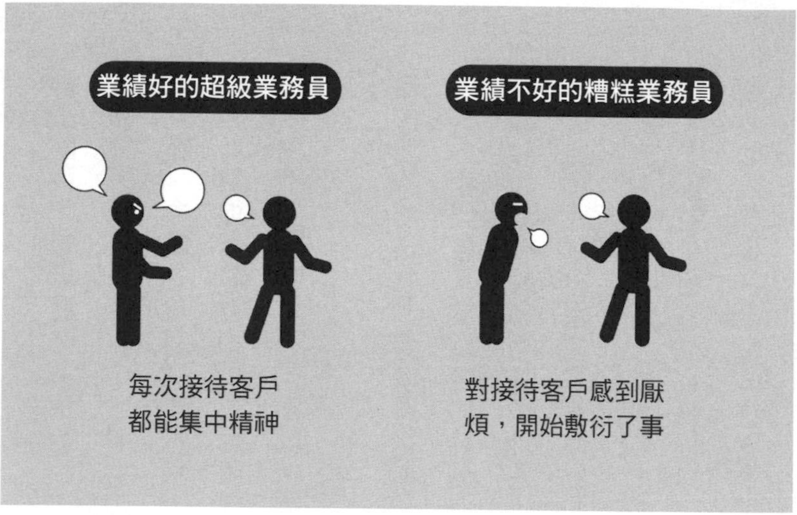
業績好的超級業務員
業績不好的糟糕業務員
每次接待客戶
都能集中精神
對接待客戶感到厭
煩，開始敷衍了事

住客戶的心。

大家知道為什麼美國職棒大聯盟的鈴木一郎可以打出那麼多支安打嗎？

當然，他具備天生的才能、體能，以及鍥而不捨的努力，讓他擁有卓越的球技。

然而他更顯優異的，難道不是對於一次次打擊的「集中力」嗎？

基本上來說，業務員無論業績好壞，每天都要從事相同的業務工作。

今天的工作跟上個月、上星期、昨天的一模一樣，如此不斷地重複。

此時，用「敷衍」的心態去接待客戶？或者在每次接待客戶都能集中精神？

結果將會大大不同。

如果在初次見面時就能讓對方留下好印象，之後的業務進展也會非常順利。

相反地，如果接待過程讓人感覺很敷衍、很粗糙，就會錯過大好機會。

之後要想挽回初見面時的錯誤，就得花費好幾倍的體力與時間。

為了減少這種無謂的浪費，請各位重視每一次與客戶接觸的機會吧！

「對話設計圖」讓你專心接待客戶

有了「敷衍」客戶這個壞習慣的我，開發了一項可以認真接待客戶的工具。

那就是下一頁的「對話設計圖」。

所謂的對話設計圖是，為了能事先決定接待客戶時的談話內容，在接待客戶時能按照對話設計圖進行對話的一種模型。

它非常地方便，在這裡要向各位介紹的是簡易版對話設計圖，其他細節請參考前面提到的另一本著作。

對話設計圖設計範例

有禮的問候

㊣「您好，我是負責為您解說的山本。我將會站在女性的角度為您說明。」

↓

先下手為強，讓客戶產生共鳴

㊣「剛才的客戶說：『買〇〇還太早了！』不知道您是不是也這樣認為呢？」

↓

偶爾也要提及公司產品的缺點，
降低強迫推銷的感覺

㊣「我不推薦這個顏色，有刮痕的話會看起來特別明顯。」

↓

問些問題，以便確認客戶的警戒心是否已解除

㊣「不知道現在的〇〇是不是有什麼讓您覺得困擾的地方？」

↓ YES　　　NO（返回「偶爾也要提及公司產品的缺點，降低強迫推銷的感覺」）

↓

問些問題，讓客戶對產品感興趣

㊣「關於〇〇，您有沒有什麼看法？」

↓

詢問及詳細說明

詢問請參考 75 頁
說明部分則請參考第 3 章「客戶應對手冊」內容

雖然這張對話設計圖是針對建設公司業務員所做的設計，但我想和其他產業還是有許多共通點，可以做為業務員的使用參考。

①消除客戶的警戒心

一開始有禮的問候＋讓客戶產生共鳴＋消除強迫推銷感覺的話術，在在都是為了消除客戶的警戒心。

如果這樣做無法消除客戶的警戒心的話（像是針對確認問題回答「沒有什麼困擾」），請再一次做消除強迫推銷感覺動作，再提問確認客戶的警戒心是否已經消除。

此時記得改變說法，例如「那麼，對於○○，您有什麼想要了解的地方嗎？」

②讓客戶注意到產品

等客戶的警戒心消除後，可以問道：「關於○○，您有沒有什麼看法？」

這個問題可以讓你提及自家公司的產品，無意識地讓客戶對產品產生興趣。

③讓客戶提出對產品的需求

之後，我們要詢問客戶的情況，讓客戶提出對產品的需求。進入這個階段後，我們就可以開始針對產品做具體說明。

關於詢問，請參考75頁內文。而使用「客戶應對手冊」這個工具進行商品說明的部分，請參考第3章96頁。

當然，由於客戶是活生生在你面前的人，因此許多時候，雙方的對話並不會完全按照對話設計圖來進行。此外，根據所販售商品的不同，也需要建立該商品特有的「流程」。

只不過，當我們已經決定在什麼情況下要說些什麼時，說起話來就會比較安心。而當我們想要遵照這個流程進行的時候，精神自然會集中在談話內容上。

請各位一定要試著製作專屬於自己的對話設計圖。

「對話設計圖」讓你更了解自己

前一陣子，在討論接待客戶議題的研討會中，我請與會者試著製作對話設計圖。

對話設計圖依人的性格、所販售的商品不同而有所差異。

前面介紹的只是一個例子，最好的做法是各位按照自己的需求來製作。

因此，請各位先想一想平時自己接待客戶所說的話，並寫下一連串的談話過程。

保留談話中好的部分，修正不好的部分（比方說，「這句話會讓人感覺在強迫推銷要刪掉」等），製作出一份在任何情況下都能使用的對話設計圖。

而對話設計圖還有一個好處，那就是——讓你了解「**自己的習慣**」。

舉例來說，一位參加研討會的學員這樣形容自己：

「我說話很少讓人覺得是在強迫推銷。」

但是當我請這位學員寫下他平日接待客戶說的話時，就發現裡頭有許多強迫推銷的字句。

「沒想到我竟然會強迫推銷，我自己都沒有發現。」

看著自己說的話一一條列下來，這位學員才終於了解到他一直以來所犯下的錯誤。

平時我們可能只是隨口說說，但那些話卻經常會讓人覺得你是在做強迫推銷。

如果我們不去製作對話設計圖，接待客戶時也總是想到什麼就說什麼的話，我們就不會發現自己的習慣。

如果是好習慣，當然沒有問題。但對一個業務員來說，如果我們在不知不覺中讓客戶懷有警戒心，或者讓客戶感到不愉快的習慣，那對業務員來說就是致命關鍵了。

為了消除這些壞習慣，希望各位能藉由製作對話設計圖的過程中，回顧一下自己平日接待客戶會說的話。

製作百戰百勝的「對話設計圖」

請讓我再介紹幾個「對話設計圖」的好處。

如果我們沒有製作對話設計圖便開始接待客戶，那麼就會像前面所說的，每次總是想到什麼就說什麼。

當然，如果是記憶力特別好的人，也許能夠記住讓自己「百戰百勝」的內容，並且在每次接待客戶的時候拿來重複運用。

或者是有一些人特別會說話，無論事情如何發展，擁有話術達人說話技巧的他們，就是能夠抓住客戶的心。

不過，我個人並不具備這樣的能力，不知道正在閱讀本書的你又是如何呢？

每次接待客戶時都按照對話設計圖來說話，會有下列兩個好處。

①能避免說話的態度顯得猶豫或善變。
②可以依照客戶反應來修正談話內容。

關於①，我想不需要特別說明。

而關於②，對話設計圖並不是萬能的，有時候對方的反應可能會不如預期。

不過，如果我們在接待客戶時，能以對話設計圖這個「模式」為基礎，那麼分析客戶反應或做缺點的修正就會變得十分容易。

這是因為我們每次只憑感覺說話，缺乏固定的「模式」，那麼也就無從分析、修正起了。

這樣的模式不僅適用於接待客戶上。

與客戶交涉也是同樣的道理。

「這次談得真是順利啊。」

進行業務工作的時候，一定經歷過那種讓人充滿成就感的洽商過程。

一步一步做對話設計圖的修正

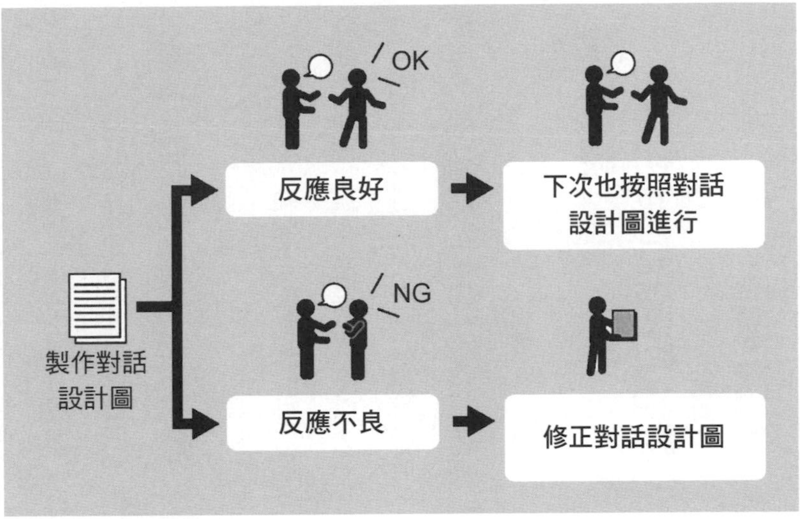

在我業績不振的那段期間，也曾經有過幾次這樣的經驗。

但如果在洽商時只憑感覺，就沒有辦法在下次活用這次的經驗。

「真是奇怪呀，之前明明很順利的……」

我們也許就會因此而喪失自信。

若接待客戶或洽商時都只憑感覺說話，我們就會漸漸忘記自己曾經說過的佳句，還有理想的談話進行方式。

那麼很可能不需要多久的時間，我們就會變回原來那個糟糕的業務員了。

而且這麼做的話，效率也會變得很差。

所以，我們必須培養一種習慣，那就是——盡可能將接待客戶、與客戶洽談的說話內容「模式」化，而且只要一發現缺點，就要馬上加以修正。

只要能夠徹底遵守這個習慣，相信我們接待客戶的技巧就會愈來愈好，並且在最短的時間內成為擁有頂尖業績的業務員。

此外，我們並不需要把對話設計圖背起來，只要把它貼在筆記本，或者是夾在商品手冊裡，隨身攜帶就可以了。

如果對自己的記憶力過於自信，很可能就會有所疏漏，而無法真正地將我們好不容易建立起的「模式」熟記起來。

重視「初次見面的15秒」

以前，我讀了《關鍵時刻》（*Moments of Truth*）這本書，當時我深受感動。

這本書的作者是只花了一年時間，就讓瀕臨危機的斯堪地納維亞航空公司脫離赤字，由紅轉黑的年輕總裁——卡爾森（Jan Carlzon）。

他在書中寫道：

在最初的15秒，提供顧客最大的滿足！

企業成功與否，決定於員工接待顧客最初15秒的態度。

這點與業務員接待客戶時是一樣的。

與客戶初見面時的15秒。

在這15秒中，讓對方留下的印象好壞，將會大大影響之後的業務工作。

在我還是個業績極差的業務員時，也不懂得妥善運用這15秒。

那時候，我經常是從背後默不作聲地靠近前來樣品屋展示中心參觀的客戶，並且不加以自我介紹地就開始向客戶推銷。

我：「這款保全系統很受歡迎哦！」

客戶：「……」

人本來就不喜歡其他人從背後靠近你。

現在回想起來，當時的客戶一定覺得很討厭我吧！

而且，一直要等到客戶要離開的當下，我才會遞上名片。

這樣子不可能會得到客戶的信賴。

我思考了許久得到這樣的結論，後來我與客戶初見面時，就這樣利用那前15秒。

當然，不是從客戶背後，而是從正面迎上向客戶開口打招呼。

「您好，我是菊原，接下來請讓我帶您參觀。我有理財顧問的執照，專長是資金方面的規劃。」

這個時候你要一邊用雙手遞上名片，而這整個過程正好是花15秒左右的時間。

光是這兩、三句話，往往就能讓客戶開始產生興趣。

「我現在申請房貸遇到了一些問題……」

從此許多客戶會和我討論他現在的煩惱。

客戶平常就會接觸許多業務員和店員。

可能才過15秒，甚至是更短的時間，他們就會做出評斷。

也就是說，客戶會在非常短的時間內就決定了我們給他的第一印象，一旦讓他們留下不好的印象，就很難有挽回的機會。

因此，請大家好好重視「初見面的15秒」。

接下來，我會詳細說明這15秒的關鍵——「打招呼」。

抓住客戶心的三個重點

「初見面的15秒」關鍵在於打招呼。

打招呼大致上有三個重點。

①簡單介紹自己

②推銷自己的強項

③盡可能放慢說話速度

①是指透過打招呼，讓對方了解自己可以為他做些什麼。

這樣說可能有些難懂，其實很簡單。

「您好，我是菊原，接下來請讓我帶您參觀。」

「很高興認識您，我是負責這個賣場的菊原，請多多指教。」

我們只要像這樣打招呼就可以了。很簡單吧？

接著是②，可能的話，請在打招呼時推銷自己的強項。

在我所舉辦的研討會中，有位四十幾歲的業務員，他曾經告訴我一件事。

他說，在他四十歲以後，就覺得接待二十幾歲的客戶很困難。

理由是每當他出去接待客戶，他都能感受到客戶在心裡大喊「哇，是個大叔」。

事實上的確是如此，如果是年輕客戶，當他們面對年長自己許多的業務員，或許真的會有點緊張也說不定。

但是，如果換個角度來看，年齡就會成為強項。

我請這位學員思考新的招呼語，並實際操作一個月的時間。

「您好，我是○○，接下來請讓我為您服務。我有二十五年的業務經驗，大大小小什麼問題都碰過。」

自從他改變打招呼的方式後，年輕客戶的態度也變得不一樣了。

之前他們也許會想「哇，是個大叔」，但現在他們會覺得「這個人經驗很豐富，讓人很安心」。

每個人的強項都不一樣，如果你能找到自己的強項，請馬上把它加到自己的招呼語當中。

製作自己的招呼語

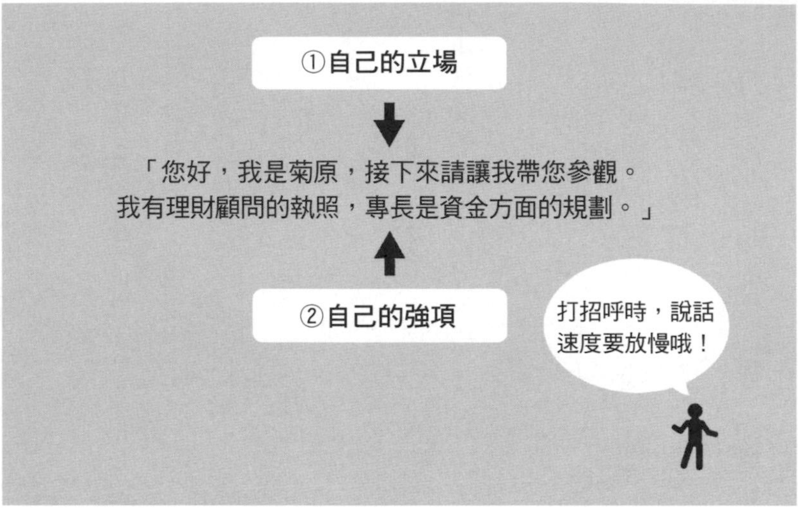
①自己的立場
「您好，我是菊原，接下來請讓我帶您參觀。
我有理財顧問的執照，專長是資金方面的規劃。」
②自己的強項
打招呼時，說話速度要放慢哦！

最後是說話方式的重點。

就像我們一直重複提的，打招呼是我們與客戶最初的交集。如果我們講話講得太快、太急，就會讓客戶留下不好的第一印象。

此外，如果我們能放慢說話速度，也能達到讓自己冷靜、沉穩的效果。

特別是自認不會說話或是容易緊張的人，藉由在一開始打招呼時就放慢說話速度，會讓人覺得比較放鬆。

請各位按照這些重點，在打招呼的瞬間抓住對方的心吧！

你愈不逼他買，他愈是會買

前面我們提到了「對話設計圖」，大家還記得它有個消除強迫推銷感覺的部分嗎？

許多客戶在面對業務時，會抱持一種「他可能會對我強迫推銷」的不安與警戒心。

正因為如此，我們更要告訴客戶公司產品的缺點，並且和客戶分享對公司而言不利的資訊（當然，我們不能有全盤否定公司產品的發言）。

此外還有一種做法，那就是**在我們接待客戶的當下，不要催促客戶購買商品。**

之前我去買了新的汽車導航系統，那時候發生過這麼一件事。

我先到A店去詢問他們宣傳單上的汽車導航系統。

我：「如果我要買這個汽車導航系統，除了上面的價格外，還需要其他費用嗎？」

店員：「是的，還有工資和安裝費，大概要另外加兩萬日圓。」

我：「我知道了。」

雖然汽車導航系統是他們的廣告商品，但畢竟這是我詢問的第一家店，所以沒有辦法馬上做決定。

我思考了一會兒後，對店員這麼說。

我：「我再考慮一下。」

店員：「好的。沒問題，只是您現在購買的話，我們馬上可以為您安排裝機時間，但如果您之後才購買，要是已經有其他人預約了，您可能就要排隊等侯了。」

我：「我知道了，我會盡快決定。」

對於我的沒有辦法馬上做決定，店員的態度顯得有些冷淡。

之後，為了比較，我便前往B店。

在那裡，我遇上了一個很棒的店員。

令我驚訝的是，當他知道我想要買汽車導航系統時，竟然對我這麼說。

店員：「先生，您今天先不要買比較好。」

我：「嗄？為什麼？」

店員：「因為從明天開始，我們會有工資半價的促銷活動。」

明明是只要他不說，我就不會知道這件事，他卻很誠實地告訴我這個訊息。

於是，我當下就決定要在B店購買。

而且就連還有一段時間才需要購買的輪胎，我也決定要在B店買了。

當下催促客戶購買商品，就某種意義來說，是最誇張的「強迫推銷」法。

雖然隨著時機不同，產生的結果可能不太一樣，但**如果我們急著要客戶做出結論，可能會降低客戶購買的意願**。

雖然不立刻催促客戶購買的這個方法做起來有些困難，但還是請大家把它記起來，當做一個洽談時的參考。

這用在警戒心很強的客戶身上，非常有效。

要及早告知商品缺點

關於刻意告訴客戶商品缺點，在這裡有一點要補充說明。

如果要告知商品的缺點，請務必抓對時機及早告知。

當我還是業務員時，曾經發生過這麼一件事。

那時候全公司業務員集合在一起，參加太陽能發電的研習課程。

該公司負責的解說員運用各式簡報與各樣資料為我們做說明。

「這樣的話，〇年就能回本。」

「回本後，等於無本生意，那麼用多少就賺多少。」

我聽到這句話時，覺得有些奇怪。

「真的是用多少賺多少嗎？」

不管是什麼產品，用久了都會故障，不然就需要更換零件。

而且，發電功率也會隨著時間而衰退。

那位解說員完全沒有提到這些事情。

待說明結束後，一個業務員詢問了那位解說員。

業務員：「太陽能板不需要清掃嗎？」

解說者：「基本上來說不需要。」

業務員：「這樣發電功率不會降低嗎？」

解說者：「多少都會降低，但幾乎不會有影響。」

各位不覺得「基本上」、「幾乎」等用詞，會讓人覺得很不可靠嗎？

接著，我又問道。

我：「發電功率的衰退有納入計算中嗎？」

解說者：「不，沒有納入計算。」

我：「那更換零件所需的費用呢？」

解說者：「這個部分也沒有納入，這只是個預估值而已。」

聽到這個答案，不信任感又增加了。

「那為什麼剛剛都沒有說明呢？」

說明時只提優點，等到有人詢問才說出缺點。

這是最糟糕的說明方式。

若是能及早說明商品的缺點，信賴度將會提昇好幾倍。

就像上述的例子，如果解說員能先告訴大家：「雖然發電功率多少會有些衰退，但就算過了〇年還是可以發電，完全沒有問題。」這樣的說法給人的印象就完全不一樣了。

對於商品的缺點，能隱瞞多少就隱瞞多少，在賣得出去的時候趕緊賣一賣。這種銷售商品的方式，就算能成功一時，但在不久的將來一定會遇到瓶頸。

現在的客戶透過網路等資訊來源，可以收集到許多商品的相關資訊，因此每個人都很識貨，對商品都有一定程度的了解。

因此，在銷售商品時隱瞞其缺點的做法，在這個時代其實早已經過時了。

簡單抓住客戶需求的「問題表」

上述的「對話設計圖」有個部分是詢問客戶的情況，找出客戶對商品的需求。具體來說在作法上，大家可以準備如下一頁的「**問題表**」，藉由詢問客戶這些問題，從答案中找出隱藏其中，客戶對商品的需求。

問題表範例

①家中成員？
②家中成員重大活動，比如說小學開學典禮的時間？
③假日會從事什麼活動？
④興趣是什麼？
⑤家中平常會有很多客人嗎？
⑥新居會找誰討論設計呢？
⑦重視外觀嗎？還是說喜歡簡單的樣式？
⑧希望房子怎麼隔間呢？
⑨希望房子大概有多少坪？
⑩重視材質嗎？
⑪與鄰居的關係如何？
⑫施工時有沒有需要注意的事情？
⑬時間呢？想要在什麼時候入住？
⑭預算大概是多少呢？

在與客戶洽談時，若想到什麼問題時也可以當場追加

○以前在做問卷時，有沒有遇到什麼傷腦筋的事？
○蓋了新居，有沒有特別想要展示給朋友看的部分？
○想不想參觀其他客戶的住宅？
○想要擁有書房嗎？
○浴室寬敞一些好嗎？
○還想知道哪些資訊呢？

基本上來說，只要從上到下依序詢問客戶表上的所有問題即可。只要客戶回答了問題表上所有的問題，那我們就能知道客戶希望新居有多大？如何隔間？預算及入住時間等。

其他產業的問題表，製作起來也很簡單。

只要回想一下平常接待客戶時詢問客戶的問題，再把它們寫下來就可以了。最後只需要依照容易詢問的順序（客戶容易回答的順序），調整一下問題的順序即可。

不過，在與客戶洽談時，有幾件需要注意的事。

- 先詢問客戶是否可以回答一些問題。
- 不要只是問問題，途中還要穿插一些「回應」。
- 仔細記錄客戶的答案。
- 問到某個程度時，要先歸納一下客戶的答案。

其中，要請各位特別注意的是適度地「**回應**」。

「回應」，簡單來說，就是針對客戶的回答做些回應。

不習慣聽的人，在問問題時經常會一直問、一直問，這樣就不是在「詢問」，而像是在「審問」。

為了避免這種情況發生，因此對於客戶的回答有回應的必要。

業務員：「您家中有幾位成員？」

客戶：「三個，我們有個剛滿三歲的女兒。」

業務員：「哇，一定很可愛吧。」（回應）

客戶：「哪有，簡直吵死人了（笑）。」

在詢問、回應交互運用之下，就可以找出客戶的需求。

當我們手上有問題表，就能安心地予以回應。

如果我們沒有確實掌握客戶的需求，而提出無視客戶所需的莫名提案，就會浪費許多時間。

為了能夠有效地提問，問題表就是不可或缺的工具了。

第2章

重點整理

- 無視客戶的「白目業務員」，就連好賣的商品都賣不出去。
- 業績好的業務員與業績差的業務員兩者的差別，決定在「集中力」。
- 製作「對話設計圖」可以知道自己的習慣，並修正缺點。
- 能不能在「初見面的15秒」讓客戶留下好印象，是勝負關鍵。
- 沉著地介紹自己的立場與強項，才算是良好的打招呼方式。
- 當場催促客戶購買，反而會降低客戶的意願。
- 使用「問題表」詢問客戶問題，找出客戶的需求。

第3章

迅速成交的快速洽商術

你準備好與對方洽商了嗎？

當我還是一個業績不佳的業務員，還不會使用「業務信」、「對話設計圖」時，曾經發生過這麼一件事。

雖然我很不擅長拜訪客戶，但除此之外，我苦無他法。因此在我拜訪客戶的時候，我會跟客戶說：

「能不能請您聽聽我們詳細的未來計劃呢？」

「請給我們提企劃書的機會。」

「您不跟我們購買沒關係，至少請您看一下我們的報價。」

想當然耳，光憑這些話很難取得與客戶見面的機會。

相信各位讀到這裡，一定也會明白這種方式有多麼沒有效率吧？

然而再怎麼沒有效率的方式，還是有可能瞎貓碰上死耗子，取得與客戶見面的機會。

當客戶願意見我，我會欣喜萬分地向主管報告，並期待睽違已久的洽商機會……。

而且一旦與客戶見面後，我會拚命地說明公司的產品，並聽取客戶的意見。

但是，結果如何呢？

我都已經那麼努力了，卻還是沒有辦法取得下一次與客戶見面的機會。

客戶：「我會參考你今天給我的資料，有需要的時候，我會再打電話給你。」

我：「好的，我了解了。」

客戶與我之間的連結，就這樣硬生生地斷了線。

就算辛辛苦苦抓住洽商的機會，簽約仍是遙遙無期。

難得有與客戶洽談的機會，為什麼我沒有辦法把握呢？

我想了許多許多的原因，其中最重要的就是——「因為我還沒有準備好」。

希望大家不要誤會，當然我並不是什麼都沒有準備，就直接去找客戶。在去洽商之前我用心地準備了很多公司製作的型錄。

但是，我們很難讓客戶單單從型錄中了解公司的商品、服務的特點及其必要性。

面對並不「專精」於商品的客戶，我們就必須準備後述的「客戶應對手冊」。

此外，當時的我並不了解可以藉由「業務信」來建立與客戶之間的信賴關係。我的話術並不高明，不會利用「對話設計圖」引導出客戶的需求。

其實，這樣就跟兩手空空去談是同樣的道理。

請大家回想一下第1、2章的內容。是否真的明白了呢？

如果沒有把握的話，建議大家不妨從不懂的地方重新讀起，等到完全明白後，再開始閱讀本章。

在還沒有準備好的情況下與客戶進行洽商，將會造成時間上極大的浪費。

接下來，我會仔細地介紹關於洽商的竅門。

精簡的談話，亮麗的業績

在這一節的內容中，讓我們來看看業績好或不好的業務員，他們說話方式的差別所在。

在我業績不振的那段時間，我一直自以為是地想像那些業績好的業務員——

「個個都是口若懸河、充滿個人魅力的業務員，以精湛的話術把客戶耍得團團轉，讓客戶在不知不覺中簽下合約。」

然而，事實並非如此。

現在我經常以業務諮詢顧問的身分舉辦研討會、講座，並得以接觸各個業界的頂尖業務員。

在這些頂尖業務員之中，他們的口才其實並不特別出眾。

業績好和業績差的業務員兩者的說話方式

業績好的業務員

・談話精簡、明瞭
・不時丟出讓客戶感到安心的字句
・讓客戶有充分的思考時間

業績差的業務員

・說明十分冗長
・無視客戶問題，僅自顧自地介紹
・不讓客戶思考

最重要的是，沒有一個頂尖業務員在面對客戶時，會自顧自地不斷說話。

此外，這些頂尖業務員還有一個共通的專長，那就是他們會適時地丟出一些讓人感到安心的字句。

「因為○○而煩惱是很正常的事啊，我也有這樣的煩惱呢。」

就像這樣地，他們會用一句話抓住客戶的同理心。

與客戶洽談時，愈是頂尖的業務員，說的話就愈是精簡、明瞭。

這是因為他們給客戶充分的思考時間。

另一方面，業績差的業務員則完全相

反。

他們的說明冗長，有時還會不顧客戶的問題，只是不斷地重複希望客戶購買的字句，而且完全不讓客戶思考，比如說：

「這個商品已經沒有什麼庫存了，現在如果不預約，下次您過來的時候可能就已經賣完了哦！」

我能夠切身體會那種與客戶洽談時，因缺乏自信，導致說明愈來愈冗長的心情。

然而，儘管我們耗費那麼多的時間與體力，最後還是只會讓客戶留下不好的印象。

請大家記得，愈是頂尖的業務員，說的話就愈是精簡！

洽商的時間以五分鐘為單位

為了達到說話精簡而明瞭的目標，就要嚴格地控制洽談與協商的時間。

具體來說，與客戶約時間的時候，必須要說：「麻煩您將下次會議的時間排在下午一點十分到三點十分這段時間」。

可能會有人覺得不指定整點或半點很奇怪。

其實這是有道理的，請讓我為大家說明一下。

曾經，我在和一個已經完成交易的客戶開會時，發生過這種狀況。

這位客戶十分地優柔寡斷。

其他客戶很快可以決定的事情，他經常得煩惱個三十分鐘以上。

我：「洗手間的門有四種顏色，您想要選用哪一種呢？」

客戶：「嗯……哪一種比較好呢……真難決定耶。」

決定任何事情時，他都會思考許久，因而討論時間也就不斷地拉長。

有時候，就算討論了一整天，也幾乎沒有什麼進展。

由於我負責的是房屋這種，基本上一輩子只購買一次的商品。

雖然說在做決定時會花很長一段時間是理所當然，但是如果只有跟一個客戶討論，就得耗上好幾天，那根本沒有辦法做其他工作。

業績很差的時候還好，業績好轉以後，就必須更有效地運用時間，否則其他的工作就會因此停擺。

因此，**我會以五分鐘為單位，嚴格地控制洽談及協商的時間**。

「麻煩您將下次會議的時間排在下午一點十分到三點十分這段時間。」

像這樣，只要明訂開始及結束的時間，不論是我或是客戶就會特別留意「在三

以五分鐘為單位來設定洽商時間的優點

1. 劃分出時間，可以集中注意力
2. 限定時間內的未決事項，可當做客戶的家庭作業
3. 遲到情形得以大幅減少

點十分前一定要決定」。

再加上，「時間有限」這一點會加強彼此的注意力。

自從我採取這個方法後，每次洽商我都能全力善用每一秒鐘的時間。

此外，一旦決定了結束的時間，就不會被逼著要陪客戶一起煩惱了。

「今天還不確定的○○部分，麻煩您下星期前告訴我您的決定哦。」

我們可以把這個問題當做是給客戶的家庭作業。

事實上，對客戶而言，有時候還會反過來感謝我們讓他有時間仔細思考呢！

不僅如此，當我們以五分鐘為單位來設定洽商的開始時間，客戶（或者是自己）的遲到情形也會跟著銳減。

那是因為當我們指定了像是「一點十分」這種非整點或半點的時間，我們就會比平常更注意什麼時候應該要出門（從家裡或公司出發）。

以五分鐘為單位的時間設定方式可避免洽商時間一拖再拖，還可以減少雙方遲到的情形，請大家一定要試試看。

讓客戶先「預習」一下

雖然接下來的內容與32頁中的「加強信」有所重疊，但因為這個部分很重要，所以我必須再一次強調。

首先要請問各位一個學生時代的問題，以前在求學時曾經「預習」過課業嗎？

我在唸國中的時候，經常會預習功課。

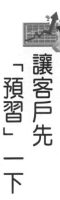

話雖如此，但我並不是真的很認真地作筆記，頂多只是翻翻課本，先知道「明天要上這個內容」而已。

不過就算只是這樣，隔天上課時，就會覺得特別容易進入授課內容。

一旦了解老師講解的內容，就會覺得上課很有趣，自然就能集中注意力。

事實上，業務工作也是一樣的道理。

你在與客戶洽談前，會先讓客戶預習嗎？

大部分的客戶幾乎都是在沒有預習的情況下，直接與業務員討論的吧？

業務員對於自己所負責的商品知之甚詳，因此在說明的時候並不會有問題。

然而，會議上聽到的內容與資訊，對客戶來說往往都是初聞乍見。

如果客戶完全沒有預習，就算我們說明得再仔細，客戶還是會覺得難以理解。

一旦客戶對於內容沒有辦法理解的話，他們就會覺得無聊。

接著，注意力就會下降。

因此，前面提到的「加強信」，就扮演著讓客戶「預習」（或者「複習」）的角色。

「下次我們預計要針對○○來做討論，在此附上參考資料，還請您撥冗過目。」

送上相關資料，**能讓客戶對下次討論的內容留下印象，並產生興趣。**

此外，如果客戶在閱讀資料時，發現有些不明白的部分，那他們就會特別留意這些部分。

不用等待下次會議，當場解決客戶的疑問——也可說是請客戶預習的一個優點。

對客戶和業務員來說，都可以避免造成彼此時間上的浪費。

比業務員說明強上十倍的「客戶應對手冊」

在我業績不甚理想的那段時間，曾經發生過這樣一件事。

我拚命地向客戶說明規劃資金的重要性。

相信很多人都知道，買房子最重要的，就是「錢」的問題。

客戶能夠貸多少房貸，將會決定購屋的地段、建物大小等一切事項。

為了讓客戶明白這一點，我拚命地說明著。

我：「在討論其他項目之前，最重要的是要先了解自己可以貸多少房貸。」

客戶：「啊……」

我：「您貸到多少房貸，將會影響您未來房子的建坪、地段、建物大小、規格等全部的項目。」

客戶：「的確是如此。」

我：「資金的規劃真的很重要，請讓我幫您計算一下！」

客戶：「嗯……現在還不需要啦。」

就算我再怎麼拚命訴求資金計劃的必要性，然而客戶也沒有辦法理解究竟有多重要。

現在回想起來，我的說明有以下兩個缺點。

①對方會有一種被「強迫推銷」的感覺。

②光是言語上的說明，客戶很難想像。

像我這種口才不是特別好的業務員，一旦拚命說明起來，就會變得又臭又長。如果客戶能夠把它視為是業務員的熱心、認真，就不會有什麼問題了；但是大部分的客戶都會覺得業務員是在強迫推銷，進一步產生警覺心。

此外，當時的我太在乎說話這件事了。

有些資訊明明只要一邊看著資料，一邊為客戶歸納出幾個重點就可以了，我卻不斷地說明資金規劃的重要性。其實光是口頭說明，客戶很難產生具體的想像。人家說「百聞不如一見」，這時候，我們應該提供一些讓客戶能看到的資料。

根據以上的經驗，我開始製作「**客戶應對手冊**」。

這是一種不需要親自說明，就能讓對方掌握重要消息的工具。

自從我製作了這項工具，我在與客戶進行洽商時就變得非常順利，與以往相較可說是不可同日而語。

接下來我會說明客戶應對手冊的具體製作方法。

輕輕鬆鬆製作一本「客戶應對手冊」

客戶應對手冊的製作方法非常簡單。

只要「在便條紙上寫下想對客戶說的話，接著貼在資料上」。

這樣就完成了。

下一頁是對話手冊的圖例，請各位確認一下。

就像大家所看到的，我只是在一般的資料上貼上寫著意見的便條紙而已。重點就在於便條紙，我們要在下列幾個事項上寫上簡潔的意見。

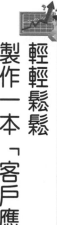

客戶應對手冊圖例

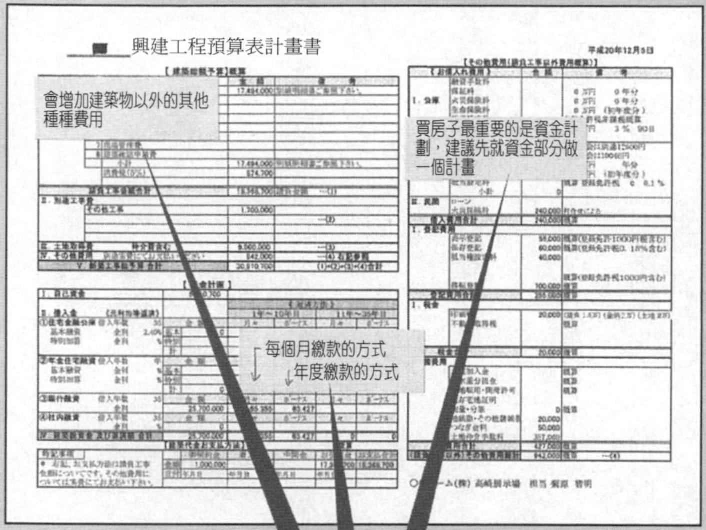

在這個圖例中，我在「想對客戶說明的事項」貼了便條紙。
除此之外，只要在「想詢問客戶的事項」、「客戶可能會產生疑慮的事項」貼上便條紙即可。

- 想對客戶說明的事項
- 想詢問客戶的事項
- 客戶可能會產生疑慮的事項

也就是說，「**讓便條紙代替自己來做說明**」。

我再一次重複強調。如果我們拚命地向客戶說明，會讓客戶留下一種強迫推銷的印象。

然而，當客戶看到寫在客戶應對手冊上的文字，就不會產生這樣的感覺了。「只要規劃一下資金，就可以估算自己能夠貸到多少貸款」。因為他們是自己看到這句話的，所以能夠接受。

客戶應對手冊最重要的效果就是「**自我催眠**」。

不管是圖像還是文字都沒有關係。

重點是讓客戶自己閱讀，並進一步接受這些資訊。

這種心理就像我們在書店看到那些ＰＯＰ文字。

我們去逛書店的時候，如果店員一直熱心推薦說：

「這本書真的很感人，你一定會哭！請你一定要買！」

很多人就不會想買了吧……。

然而，如果我們在書的旁邊寫一些ＰＯＰ，例如——

從來沒看過這麼賺人熱淚的書！

大家是不是就會對這本書產生興趣，進而伸出手把它拿起來看呢？

一旦製作了客戶應對手冊，之後與客戶洽談時，只要告訴客戶：

「關於○○，請看一下這裡。」

只要使用這項方法，就能輕鬆地讓洽商順利進行，請各位一定要嘗試看看。

好好地做一份資料，可以重複使用多次

介紹完有關製作資料的課題後，在這裡要補充一點。

這一點雖然很基本，但還是有人會忽略掉它，請各位務必留意。

我曾經參加了為表揚頂尖業務員而舉辦的菁英之旅。

我心想說不定可以從頂尖業務員身上獲得一些成功的秘訣，因此決定伺機而動。

很幸運地，晚宴時我的位子十分靠近頂尖業務員，得以和他暢談了起來。

我們的對話中有這麼一段。

頂尖業務員：「你幫客戶準備的計劃和資料，都有留下來嗎？」

我：「我會保留約一個月左右，之後就會處理掉。」

頂尖業務員：「那樣不行啦，以後一定要存檔才行。」

我：「好，我會試試看。」

頂尖業務員：「三個月之後，那些計劃和資料會成為你愛不釋手的工具哦。」

在那之後，就像頂尖業務員要我做的，我把為客戶準備的圖樣、資料仔細地保存起來。

後來，我發現**與其他客戶洽談的時候，很多曾經使用過的資料都可以再一次派上用場。**

就算不能整個重複使用，也可以當做製作新資料時的參考。因此，在製作新資料的時候，只要花上原先三分之一的時間即可。

目前，我們大多是將資料存在電腦裡。

所以，請你將花費心力製作出來的資料當做雛型，不斷地重複使用吧！

這個便利的工具，也是打造快速洽商術的技巧之一。

誰都喜歡被認同，客戶當然也是

當我在座談會、研習課程上提到關於洽商的事情時，經常有人會這麼問：

「如果客戶不講道理，我們應該要如何應付呢？」

這個問題每次都讓我感到有些困擾。

舉例來說，如果業務員與客戶之間出現以下的對話。

客戶：「其實我很心動，但重點是我的錢不夠……」

業務員：「您的意思是如果錢的問題解決了，您就會考慮購買囉？」

其實這樣的應對也沒有什麼問題。

但如果業務員在說話時站了上風，客戶會怎麼想呢？

好的話術 vs. 不好的話術

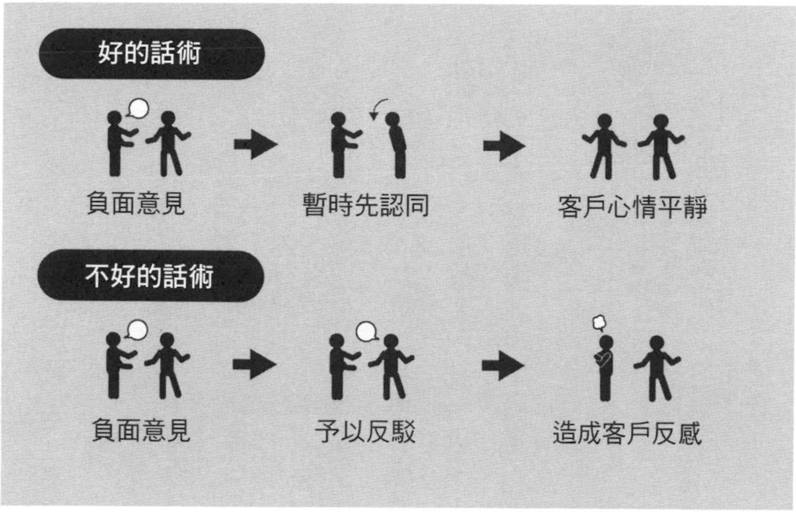

想必心裡一定會很不是滋味吧！

有時候客戶可能會因為誤解或沒有搞清楚狀況，而向業務員抱怨。

「你們的東西好貴耶。」

聽到這句話，各位可能會立刻想要予以反駁。不過，當我們說：

「哪有啊！這個訂價很實在……」

客戶一定會覺得很反感。

如果我們換一種說法，先說：「其他客戶也曾經這麼說。」

認同——是這裡的重點。

不管客戶的意見多麼沒有道理，我們都應該先認同，不要馬上反駁。

先這樣處理後，再冷靜回應：

「為什麼這麼認為呢？」

就不會造成客戶的反感。

之前曾經發生過這樣一件事。

有一位客戶很計較房子的構造與細節，我在跟他討論時這樣對他說：

「您真的很內行耶。」

客戶聽到這句話，顯得有點不好意思。

「沒有啦，因為以前我也曾經做過這一行。」

在那之後，這位客戶就再也沒說過什麼討人厭的話了。

我們不應該反駁客戶，而是要認同他們。我認為這就是最好的話術。

不用拜託客戶也能成交!?

接下來，我想介紹幾個在拜託客戶時，我會注意的重點。

不過，我想先聲明一點，在我業績很好的那段時間，在與客戶談生意時，幾乎都**「不需要拜託客戶」**。

為什麼呢？因為我會在那之前的「業務信」階段，建立起與客戶之間的信賴關係，會依據「問題表」掌握對方的需求，提出符合客戶需要的企劃。只要符合對方的需求，就算不特別削價競爭或拜託客戶，也可以很迅速地拿到訂單。

讀到這裡，相信各位只要實踐前面介紹的竅門，不用拜託客戶就能成交的可能性也會提高。

話雖如此，有些客戶的確需要我們適時地推他一把。

這個時候，接下來介紹的「菊原派成交技巧」就能派上用場。

菊原派的結尾法① 近未來成交技巧

經過幾次討論之後，就只有等客戶做出結論了。

此時如果對方的態度搖擺不定，各位可以試著使用「近未來成交技巧」。

具體而言，就是「**假設雙方已經簽約，與對方討論簽約後的事項**」。

這樣說大家可能無法想像，因此我想舉一個簡單的例子。

我：「申辦房貸時需要本人的印鑑，您有準備嗎？」

客戶：「有，我太太的印鑑也要嗎？」

我：「是的，如果您採用夫妻財產共同制，那麼在核算收入時就需要您夫人的印鑑。」

客戶：「好，我知道了。我太太的印鑑很少在用，我會回去找找看。」

像這樣以已經簽約為前提，討論近未來（用這個詞好像有點誇張……）的事情。

就前面這個例子來說，既然已經討論到房貸的事，當然就表示合約已經到手了。與其拜託對方「請一定要跟我簽約！」這個近未來成交技巧會讓人更容易啟齒，大多都能自然而然地取得合約。

尤其是那些其實心中早有定論的客戶，這個技巧特別有用。請各位一定要試試看。

菊原派的結尾法②
萬能成交技巧

接下來要介紹的是萬能的成交技巧。

而且，做起來非常簡單，一點都不難。

我們只需要在向客戶提案後，問下面這一句話。

「接下來我們就照這樣進行，您覺得如何呢？」

這句話會先將說話的主導權還給客戶。

若客戶的答案是「ＹＥＳ」，那就等於取得了合約。

就算客戶的答案是「ＮＯ」，也不需要放棄。

我：「之前我們開了三次會，接下來的細節，就等簽約後再來討論。接下來我們就照這樣進行，您覺得如何？」

客戶：「嗯……我還在煩惱房貸的事。請讓我再考慮一下。」

我：「沒問題。那麼我們還是再討論一下關於房貸的事情？」

客戶：「嗯，麻煩你了。」

就算客戶的答案是「NO」，還是可以再接再厲的。如果今天我們說：「拜託您跟我們簽約吧！拜託！」

一旦被客戶拒絕，就沒有轉圜的餘地了。

就算遭到拒絕還是有轉圜的空間——這就是萬能成交技巧的優點。

為了不浪費為了取得合約而付出的時間與體力，請各位一定要試試這個萬能成交技巧。

找出關鍵人物，聽取他的意見！

為了取得合約，我們千萬不能忘記「關鍵人物」的存在。

關鍵人物的類型

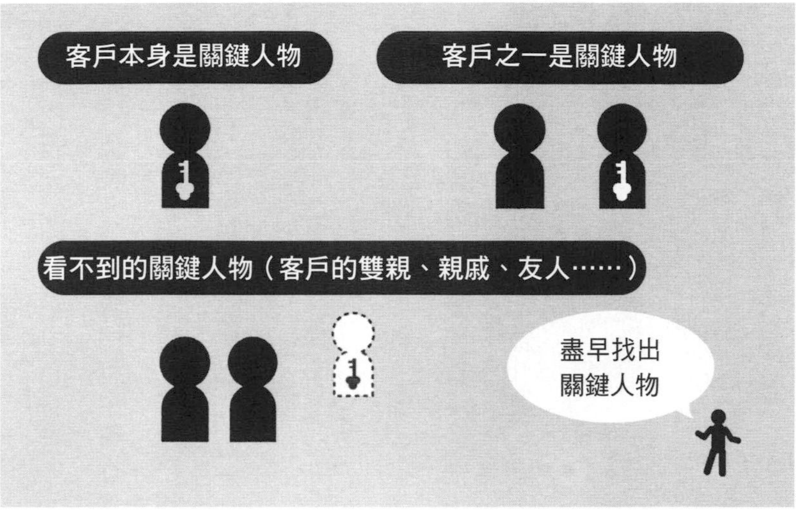

簡單地說就是在決定簽約與否之際，誰的意見最重要？

如果我們平時接觸的就是關鍵人物，其實問題不大。有時候關鍵人物可能會是客戶的雙親等「**幕後黑手**」。

或者客戶可能是一對夫妻，有時候不容易看出誰是關鍵人物。

在這裡我要舉一個找出關鍵人物，讓洽商更為順利的例子。

房屋建設業界有一句話說：

「家庭主婦待在家裡的時間最長，要重視太太的意見。」

的確，一開始討論時，客戶可能會優先採納太太的意見。

「下次我們去參觀一下。」

「我們去那個展示中心看看。」

像這樣許多太太會握有主導權，引領著她們的先生。

但隨著洽商漸入佳境，客戶之間扮演的角色也會改變。

購買房子這種超高價商品時，在決定購買與否時，先生的意見還是很佔份量的。

曾經，我和一對夫妻洽商，發生了這麼一件事。

一開始我認為太太握有決定權。

由於先生一直沒有說出他的意見，我們洽談時，也就理所當然地以太太的意見為主。

但是有一次先生表示道：

「我只要有地方睡，有熱水洗澡，不會忽冷忽熱熱水出不來，我就很滿意了。」

幾天後，我要提估價單給他們。

那時，我請教了電熱水器的業者，他們告訴我許多資訊，我在估價單中提供了水壓最強的機種。

「這是我們的估價單，我選了水壓最強的熱水器！」

當我對先生這樣說，他開心地笑了。

後來，先生投了同意票，便成為我們取得合約的勝出原因。

雖然我談的是房子，但是其他的商品也會出現這樣的情況。

建議大家**一定要盡早找出關鍵人物，並重視他的意見**。

這會成為你簽約率提高的秘訣。

此外，如果各位知道關鍵人物是「幕後黑手」的話，那就要在見面時，把握住機會。

有時候，我們只要跟對方見過一次面，對方就會站在我們這一邊。

如果真的沒有機會見上一面，也可以在製作資料時準備兩份，委託洽談的對象

「請幫我轉交給○○先生／小姐，請他／她參考一下」。這樣一來，效果就會大不相同。

避免客戶悔約的神奇問句

對業務員來說，沒有什麼比客戶悔約還要令人討厭的事了。

不僅是業務員的付出付諸流水，工作的熱誠也會大受打擊。很多業務員會因為一個客戶悔約而陷入低潮。

我為了避免客戶悔約，都會詢問已簽妥合約的客戶一個問題。

「您為什麼會選擇和我們簽約呢？」

面對這個問題，客戶一定會給業務員一個很好的答案。

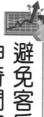

「因為菊原先生最值得信任。」

「為什麼呢？因為菊原先生是不二人選啊。」

「我從第一次見到你，就覺得我會跟你買了。」

再怎麼樣客戶都不會回答：

「因為其他公司的業務都很爛，所以我只好選你啦。」

這個問句的重點是在於**客戶很容易相信自己說出口的話**。

這份合約是與「最值得信任」的業務員簽的。

除非真的有特殊理由，否則客戶是不會做悔約的考慮。

自從我開始問客戶這個問題，不僅客戶悔約的情形銳減，簽約後才出現的麻煩也隨之減少。

各位下次與客戶簽約時，請一定要問客戶「您為什麼會選擇與我們簽約呢？」

相信一定會發生一些好事，並且增加對工作的熱誠！

第3章

重點整理

● 業績愈是頂尖的業務員話說得愈是精簡，讓客戶有思考的時間。

● 以五分鐘為單位設定洽商的時間，有各種優點。

● 讓客戶先「預習」，洽談時會更順利。

● 在便條紙上寫下「想對客戶說的話」再貼在資料上，資料就會變成「客戶應對手冊」。

● 使用「近未來成交技巧」就可以很自然地簽約。

●「萬能成交技巧」就算失敗了，還可以不斷地再接再厲。

● 早點確定洽商時的關鍵人物，並聽取他的意見。

●「您為什麼會選擇與我們簽約呢？」這個問句將使客戶悔約率銳減。

第4章

忙碌業務員
一定要善用客戶

一直配合客戶，看不出成效

在我業績不振的那段時間，還是每天不停地拜訪客戶。日子一久，雖然次數不多，有些客戶還是會主動打電話給我。

客戶：「不好意思，我想請教你一些事情。」

我：「謝謝您！那我現在馬上過去！」

客戶：「我現在正好要外出，今天的行程排得很滿沒有時間。」

我：「沒關係，只要您說一聲，我隨時都可以配合。」

客戶：「那我們約明天晚上七點，可以嗎？」

我：「沒問題，那我明天晚上七點過去。」

那時的我深信「業務員理所當然就是要配合客戶」。

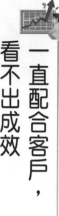

求。

當客戶希望約在假日，就算我有多重要的私事，我還是會優先處理客戶的需求。

只要客戶開口，我就會做好萬全準備前往客戶家中、解決客戶的問題，並誠懇地詢問客戶的需求。

「只要您說一聲，我一定隨傳隨到。」

我常常把這句話掛在嘴邊，它就像是我的口頭禪一樣。

然而，這真的對嗎？

即使我做到這樣的程度，我的業績卻一直沒有起色。

在我造訪客戶家中數次之後，有些客戶的確會因此決定和我們簽約，但絕大多數的客戶卻會將訂單交給我們的競爭對手。

「為什麼我一直配合客戶的時間、配合客戶的需求，卻看不出成效呢？」

這個問題困擾了我非常多年。

「隨傳隨到」只會降低你的價值

為什麼我一直配合客戶，卻看不出成效呢？

我想了許久，發現最大的問題出在「隨傳隨到」這四個字。

當時的我，完全看不出來是個有自信的業務員（業績不好，看不出來也是很正常的事）。

加上「隨傳隨到」的姿態，客戶很容易就認為我是個業績很差的業務員。

遺憾的是，我在三十歲以前，一直沒有注意到這一點。

之後，我開始接到一些訂單，和客戶洽商的次數也愈來愈多。

當客戶打電話給我，我可能會因為已經和其他客戶有約，而無法馬上處理。

別說是配合客戶的時間，有時就連抽空前往拜訪都有困難。

有一天，客戶打了一通電話給我。

客戶：「不好意思，我想請教你一些事情。不知道你有沒有空？」

我：「星期五下午四點以後我有空，您這個時間可以嗎？」

客戶：「沒問題。」

我：「如果可以的話，能不能麻煩您到我們公司一趟？」

客戶：「我剛好那天要外出，那我就順道過去。」

我：「好的，那星期五下午四點我會在公司等您。」

雖然就業務員的工作來說，要客戶親自走一趟是件很失禮的事，但因為我實在沒有時間，所以也沒有其他辦法。

其實我第一次開口時也很緊張，想著「萬一客戶生氣了、拒絕了，該怎麼辦才好……」然而令人感到意外的是，幾乎沒有客戶會拒絕親自走這麼一趟。

由於時間、地點是由我們來決定，因此會有一種比以往更容易取得洽商機會的感覺。

預約時要注重自我的行程安排

「事先指定時間與地點，比較容易取得與客戶洽商的機會」，也許有些人會覺得這句話並不適用於自己身上。

當然，某些業界的業務員一定得到客戶所在之地拜訪。

然而即使如此，我們還是**應該要指定時間**。

正如前文所述，以前的我，在客戶眼中是個不可靠的業務員。

就算我跑業務「隨傳隨到」，業績還是沒有成長。

大部分的時候是即使我全力配合客戶，客戶仍然不願意和我簽約。

沒有比這更浪費時間的事情了。

如果浪費的只是我一個人的時間倒還好，不過這很有可能會影響到其他同事，造成公司整體莫大的損失。

業績好和或業績不好的業務員之間的差異

業績好的業務員	業績不好的業務員
忙碌到無法配合客戶的時間	因為很閒，所以處處配合客戶的時間
↓	↓
客戶願意配合業務員的時間	繞著客戶打轉卻做不出業績

若想成為業績好的業務員，就要讓客戶配合我們的時間

擁有頂尖業績的業務員要負責的客戶很多，隨時都很忙碌。

客戶其實自己心裡也有數，了解頂尖業務員不可能時時都能配合自己，隨傳隨到。

因此，我們應該要掌握住客戶的心理，主動決定洽談的時間與地點。

請注意，我不是要各位在面對客戶時擺出高姿態。

我的意思是**請各位放棄隨傳隨到的做法，不要降低自己的價值**。

我的一個朋友是擔任會議企劃師的松尾昭仁。他曾經指出就算當天真的沒事，也不要馬上允諾客戶，有時候甚至還要刻

意指定其他日期。《「その他大勢」から一瞬で出す技術》（讓你瞬間「鶴立雞群」，日本實業出版社）。

我們不需要太過於讓對方覺得我們很忙碌，重點是要適度地透露「我沒有辦法隨傳隨到」的訊息，讓對方願意配合我們的時間。

讓客戶找上門來的三個優點

讓客戶親自到公司來，實際上對客戶自己也有好處。

在公司裡資料與樣品十分齊全。

與其讓業務員跑好幾趟，不如一次就把所有細節搞清楚並確認樣品，這樣可以**節省很多時間。**

只要我們向客戶如此說明，相信客戶一定也可以接受。

同時，對業務員來說，讓客戶親自到公司來的優點很多。

具體來說可以分為下列三點。

●優點一　節省時間

可以節省拜訪客戶所需的往返時間。積沙成塔，節省下來的往返時間十分可觀。有時候一天甚至可以節省二～三小時。

●優點二　心理層面較為有利

在自家公司洽談，與到客戶公司或住家拜訪不同，用球賽來比喻，就是所謂的「主場優勢」，對心理層面十分有利。

再加上如果有自己不懂的事，或是出現危機，還可以向公司裡的前輩或主管請求。

這種心情和到客戶所在地拜訪的忐忑──「萬一客戶問我問題怎麼辦？」完全不同。

讓客戶親自到公司洽談的優點

客戶方面的優點

- 資料、樣品十分齊全，
  一次就可以討論完所有細節

業務員方面的優點

- 可以節省到客戶所在地的往返時間
- 在「主場」洽談，對心理層面來說十分有利
- 可以讓人感覺自己是個業績很好的業務員

●優點三　讓人感覺自己業績很好

就像前面所說的，讓客戶親自到公司跑一趟，可以讓人感覺自己是個業績很好的優秀業務員。

如果業務員充滿自信，其實就算花時間到客戶所在地拜訪，也完全沒有問題。

只不過，若是自信心不足，還是讓客戶到公司跑一趟會比親自拜訪好上好幾倍。

你想要當個耗費時間、體力，業績卻遲遲無法成長的業務員呢？

還是保留時間、體力，卻業績長紅的業務員呢？

相信答案一定再清楚也不過了。

其實客戶沒有那麼不想出門

在我從事建設公司業務員時，有個名詞叫「馬上約」。所謂「馬上約」，指的是與第一次到樣品屋展示中心的客戶，預約下次洽談的時間。

每個業務在接待客戶的時候都希望可以「馬上約」。就算我當時業績很差，偶爾還是會幸運地達成「馬上約」的目標。

我：「您希望房子怎麼隔間呢？」

客戶：「嗯……小也沒關係，我希望一樓可以有間和室。」

我：「好，我明白。那二樓呢？」

客戶：「如果有三間朝南的房間就好了。」

我：「好，我明白。我會幫您規劃一下。」

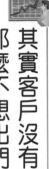

客戶：「麻煩您了。」

客戶很有意願告訴我非常多事情。

「說不定這個客戶會跟我簽約哦。」

我興奮地詢問客戶的要求。

最後，我成功地跟客戶約了下一次的洽談。

幾天後，我為了確認與客戶的預約，打了通電話過去。

我：「就上次我們洽談的內容我製作了一份企劃書，請問能不能在〇日過去拜訪您呢？」

客戶：「那天我有事，等我有空再跟你聯絡。」

我：「好的，我明白了。」

客戶的感覺與當初見面時完全不同。

這讓花時間做規劃的我感到很失落，而且很後悔。

「我不應該打這通確認電話的……」

事實上，一旦客戶表示「等我有空再跟你聯絡」，我們就很難採取下一步行動。

我煩惱著該怎麼做。

幾天後，我決定死馬當活馬醫，打了通電話給客戶。

我：「上次跟您提到我製作了一份企劃書，如果您這陣子到我們公司附近，可以順道過來看一下嗎？」

客戶：「好，我知道了。」

客戶的回應感覺很冷淡，我半放棄地認為「他應該不會來吧」。

沒想到，客戶竟然在週末時到我們公司來了。

在那之後，我又經歷了幾次相同的經驗。

有時候，我不是打電話去請客戶到公司來，而且寄通知信。

漸漸地我開始覺得：

「比起讓業務員到家裡拜訪，客戶似乎更喜歡親自到公司走一趟？」

事實上，如果你是客戶，你會怎麼想呢？

若是業務員要到家裡拜訪，就表示我們要將亂七八糟的房間打掃，還要準備一些點心。

在我們很忙的時候，一定會覺得很麻煩。

特別是如果我們有年紀很小的小孩，那就更麻煩了。

說不定許多已經約好的客戶，就是因為上述情況而下意識地拒絕業務員到家裡拜訪。

另一方面，親自到業務員公司走一趟又是如何呢？

不管客戶再怎麼忙碌，很少客戶會待在家裡，一個星期都不出門。

客戶會出門買東西，也會外出吃飯。

如果是順道經過，其實要客戶親自到公司走一趟，並沒有那麼困難。

對客戶來說，既不需要特別整理房間，也不需要特別花費什麼心思，真的是輕鬆好幾倍。

就算客戶是「公司」也可以這麼做。

因為負責人可能也不想一整天都待在公司裡，而想到外頭走走、透透氣。

請各位試著想像自己是顧客，應該就能夠理解這樣的情況。

自從我開始試著請客戶親自到公司走一趟，與客戶相約洽談的預約率就大幅提高了。

有別於一般我們所認為的，**其實客戶並沒有那麼不想出門**。

請各位拿出自信，請客戶親自到公司走一趟吧！

主動建議客戶採取「行動」可提高預約率

除了洽商一次就能決定是否簽約的商品，其他時候我們會和客戶洽談好幾次。

一開始的洽商，重點是要預約下次洽談的時間。

以前的我很不擅長預約下次的洽談。

當我和客戶談完，曾經試著與客戶預約下次洽談的時間。

我：「請問您下星期三到五有空嗎？」

客戶：「嗯……應該沒事吧，我再跟你聯絡。」

我：「好的，我明白了。」

結果，還是沒有辦法當天就取得下次的預約，只好向客戶道別，改天再打電話給客戶。

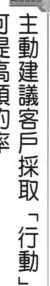

我：「請問您明天或後天有空嗎？」

客戶：「抱歉，這兩天我已經跟別人約好了，我再跟你聯絡吧！」

我總是這樣地無功而返。

一旦沒有馬上約好，一直到下次洽商，這中間的時間都是空白的。如果空白個兩、三個星期，這筆生意就很容易因此而作罷。那麼之前花費在洽談、準備的時間，也就化為泡影了。沒有什麼事比這還要浪費了。

就我的經驗來看，就算我們之後打電話跟客戶約時間，也沒有辦法約得到。畢竟，還是**當場預約最為確實**。

我經歷了幾次失敗後，針對與客戶約時間這件事下了點功夫。舉例來說，在一次洽商結束時，我就會這麼做。

我：「請問您下星期三到五有空嗎？」

客戶：「嗯……」

我：「比方說您就在星期四，中午好好地用餐後，然後差不多下午兩點左右的時間您就過來走一趟，您覺得如何？」

客戶：「這樣的話應該可以。」

我：「那星期四下午兩點我在公司等您。」

相信一定有人注意到我下了哪些功夫吧！

我不只是詢問客戶「下星期三到五的行程」，我還提出了「請您好好地吃完午餐，然後到我們公司走一趟」這個「**具體的行動**」。

像這樣主動請客戶採取行動的提案，可比原本的做法取得多上好幾倍的預約。

客戶就算下星期沒事，也會覺得自己好像有事。

所以有些客戶會沒有辦法當場做決定。

因此，我們必須提出一些具體行動，讓客戶具體想像一下。

「星期四，您中午先好好地用餐，然後麻煩您下午兩點過來一趟。」

聽到這句話，客戶就會想到星期四那一天的事。

而且可以具體地想像那一天的行程。

因為無法取得預約而感到困擾的業務員們，請各位在與客戶約時間時，**試著加一些能讓客戶具體想像當天行程的內容吧！**

這樣一來，取得下次預約的機率將會提昇好幾倍，只要連續取得預約，就可以避免出現自己與客戶浪費時間的情形。

事前給客戶一些「功課」可縮短會議時間

從某個時期開始，我就不再以登門拜訪來尋求客源，而全面改以業務信來追蹤客戶。

也許是因為我不擅長拜訪客戶的關係，加上現在的客戶也不喜歡業務員登門拜訪，所以自從我這麼做以後，願意與我洽商的客戶愈來愈多。

然而，新的困擾也隨之而來。

業績不好的時候，洽談的生意可能只有一、兩筆，不會有什麼問題。因為這樣我可以全心全意地為一個客戶服務。

但是當要洽談的業務增加到五、六筆的時候，情況當然也就有所不同。業務增加，就表示每筆業務可以分配到的時間減少了。變得我們得分散自己的力量。

我並不是一個天生業務員（才會走過業績慘淡的七年啊……）

一旦力量分散，就會導致所有生意都虎頭蛇尾。

原本可以談成的生意，往往也會因此而泡湯。

這時候，我注意到有時候我必須拒絕與客戶的洽商機會。

「難得客戶願意跟我談，拒絕掉也太浪費了吧……」

如果我這樣想，緊緊抓住所有機會，就算機會增加，簽約件數也不會有所成長。

客戶的「功課」圖例

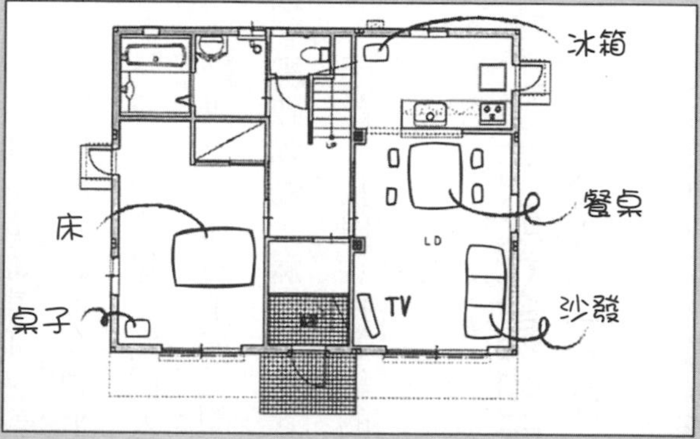

給客戶空間配置圖，請他直接把家裡的家具畫在上面。

在那之後，我大幅地改變洽商的方式。

我發現不能一肩擔起所有工作，有時候也需要請客戶協助。

舉例來說，把空間配置圖交給客戶，拜託客戶：

「請您測量一下家裡的家具，把它們畫在這張空間配置圖上。」

我不只是請客戶協助測量家具，我還請客戶把那些家具畫在空間配置圖上。

而且我會向客戶說明，空間配置圖的比例是100比1，所以1公尺就要畫成1公分。

這就是我請客戶回去做的「功課」。

剛開始，我會想：

「這樣做是不是很失禮？」

然而，這樣的擔心是多餘的。

每個客戶都很開心。

他們會很仔細地在圖上畫上家具，而且會塗塗改改，畫到他們滿意為止。

對於這份功課，他們大都樂在其中。

結果不僅節省了大量的時間，有時候，客戶還會因為想像自己未來的房子，而感到興致勃勃，滿心期待。

因此，我與客戶簽約的次數便從此突飛猛進。

讓完成交易的客戶也做些「功課」

讓洽談中的客戶也做些功課，不僅可以節省時間，還會提昇簽約率。

相信一定有很多人覺得這方法再好也不過了。

事實上，就算是已經完成交易的客戶，也可以採用這個方法。

當願意與我們簽約的客戶愈來愈多，我們的工作量也會一口氣增加許多。幫客戶辦理手續、與客戶確認細節等，會花費相當多的時間。簽約的客戶太多，要做的事情太多，我們的身體也會不聽使喚。

我還曾經幫已經簽約的客戶申請戶籍謄本、所得證明，有時候甚至還會借用客戶的印鑑證明，再去申請一張新的印鑑證明。

如果是客戶不滿意我們型錄上的浴缸，我就要帶客戶到展場選購；如果是客戶想親眼確認外牆實品，我就要帶客戶到工地現場。

簽約客戶不多的時候，就算做到這個程度也不算過份。然而，客戶一旦增加，業務員就會開始變得手忙腳亂。當然也就無法時時追蹤其他感覺上有意願簽約的客戶。這樣一來，就算我們完成了已簽約客戶的服務，但之後呢？想必各位一定能夠想像，我們就會變得完全失去新客戶。最後，只得再次重複過業績不佳的日子。

當然，就像第1章所述，在如此忙碌的時期，寄發業務信非常重要。只要一有空檔就寄業務信，這樣不僅能開拓新客戶，也能追蹤那些感覺上有簽約意願的客戶。

不過，寄業務信固然重要，更重要的還有**不要溺愛客戶**。

這個意思並不是說要讓客戶自己處理所有的事情，最適當的處理方式應該是與客戶共同合作，完成簽約後的大小事情。

舉例來說，我們可以分配工作。

「我會幫您準備好〇〇的資料，戶籍謄本還要請您親自去申請。」

其實如果可以，大部分客戶是願意親自跑一趟的，這樣會更有參與感及成就感。

這是一個一石二鳥的方式，既然節省時間，又能滿足客戶的絕佳方法。

洽商中及簽約後的客戶可協助的事項

☐請客戶申請戶籍謄本

☐請客戶申請所得證明

☐請客戶申請印鑑證明

☐請客戶測量家具並畫在空間配置圖上

☐請客戶到展場確認顏色

☐請客戶在工程前向附近鄰居打聲招呼

等事項

第4章 重點整理

- 「隨傳隨到」若成了口頭禪，會讓人覺得你業績很差。
- 業績好的業務員，會讓客戶來配合你的行程。
- 讓客戶親自到公司一趟，對彼此都有好處。
- 比起讓業務員到家裡拜訪，客戶其實比較喜歡自己到公司走一趟。
- 與客戶約時間時，要提出「具體的行動」。
- 出些「功課」給客戶，可大幅縮短洽談的時間。
- 與客戶簽約後，請客戶協助一些事情。

第5章

讓客戶幫你開拓新市場

客戶只會介紹其他客戶給頂尖業務員嗎？

「拜訪那些舊客戶（已經購買商品的客戶），請他們幫你介紹新客戶。」

「如果客戶願意幫你介紹新客戶，那就輕鬆許多了。」

這是以前主管與資深前輩常掛在嘴邊的話。

因此我打從心底認為「要有好業績，一定要讓客戶幫忙介紹客戶。」

的確，一旦客戶幫忙介紹，就可以馬上進入洽商階段。

而且因為是別人介紹的，新客戶比較不會有警戒心。

就算我們不花時間寄業務信來追蹤也無所謂，而且經由客戶介紹，新客戶的簽約率會比其他客戶高好幾倍。

讓客戶介紹是跑業務最有效率的方法。

事實上，那些堪稱頂尖業務員的先生小姐們，每個人都會經由客戶介紹新客戶以提昇業績，而且是毫無例外。

但過去，從來沒有客戶幫我介紹新客戶。

我只要一跟舊客戶見面，就會對他們說：

「請您幫我介紹新客戶，誰都可以，拜託！」

但客戶鮮少為我介紹，而且就算介紹了，可能十幾二十個人裡，最後只會有一個人跟我簽約。

那麼，各位知道為什麼許多客戶願意幫頂尖業務員介紹新客戶，而不願意幫我介紹客戶嗎？

原因在於業務員與客戶之間的信賴關係。

大多數頂尖業務員會與客戶保持良好的關係。

「可以放心介紹給其他人。」

客戶會這樣覺得。

「這個業務員很好，想介紹給誰誰誰。」

因此，頂尖業務員只要常常登門拜訪，舊客戶就會幫忙介紹新客戶。

另一方面，我的情況又是如何呢？

和頂尖業務員不同的是，我跟客戶之間並沒有建立起一種信賴關係。甚至有很多客戶會覺得「我是逼不得已才跟你簽約的」，我只要一露面，客戶就會想跟我抱怨，根本不會幫我介紹客戶。

日子久了，我只要在研習課程或書籍上聽到或看到「請客戶幫忙介紹！」就會加以否定。

「反正人家只會介紹新客戶給頂尖業務員。」

打從心底認為頂尖業務員的客戶會愈來愈多，而我這種糟糕業務員，只能自求多福。最後，兩者之間的差距就會逐漸拉開。

介紹的時機不對！

在我一心認為「大家只會介紹新客戶給頂尖業務員」的那段時間，發生了一件具革命性意義的重大事件。

那時候我正在與某位客戶洽商，我提出了這樣的問題。

我：「您為什麼會想要蓋房子呢？」

客戶：「沒有啦……其實一開始只有我朋友想蓋。」

我：「哦？您的朋友已經決定要請哪一家公司幫他蓋房子了嗎？」

客戶：「應該還沒有吧。」

我：「不知道能不能請您幫我介紹一下您這位朋友呢？」

一聽到有人想要蓋房子，我就忍不住脫口而出。

那時候我覺得自己非常失禮，對客戶很不好意思。
眼前的客戶都還沒有跟我簽約，我怎麼能請他幫我介紹其他客戶呢？
至少，當時的我是這麼想的。

然而，沒有想到客戶竟然很爽快地答應了。

客戶：「好啊，沒問題，下次我會跟他說的。」
我：「謝謝您！」

我真的嚇了一跳。
在那之前，我好幾次拜託已簽約的客戶，都沒有人願意幫忙。沒想到，這次竟然得來完全不費工夫。
這次的經驗讓我改變了想法。
就算客戶還沒跟你簽約，還是有可能幫你介紹新客戶的。
之後，就算我與客戶還在洽商階段，只要有機會的話，我就會請客戶幫忙介紹新客戶。

當然不是每次都會成功，但我仍然藉此獲得了許多寶貴的資訊。

介紹的最佳時機就在這個時間點！

在我注意到可以請洽商中的客戶介紹新客戶時，我開始試著在各個時間點請客戶幫忙介紹新客戶。

結果我發現**在提出估價單的時候，客戶最容易答應介紹新客戶**。

當你和客戶一再地討論，也了解到所有的細節，接下來就要談到金額的部分。

雖然不是每個客戶都是如此，但大多數客戶都會開始殺價。

在與客戶討論的過程中，我們和客戶之間的關係就會變得比較好。

關係變好是一件好事，但也因為關係變好，客戶會提出一些不合理的要求。

我們要在客戶提出這些不合理的要求時，請客戶介紹新客戶。

舉例來說，就像下列對話的感覺。

客戶：「菊原先生，可以再算便宜一點嗎？」

我：「哎呀……這已經是最低價了。」

客戶：「也是啦，我的要求那麼多……」

我：「其實還有一個辦法。」

客戶：「什麼辦法？」

我：「如果您可以介紹兩個新客戶給我，我就可以再多給您一些折扣。」

客戶：「嗯……要介紹誰好呢……」

就像這樣，在客戶殺價的時候，請客戶介紹新客戶吧！

此外，雖然這跟介紹客戶沒有關係，但我要提醒各位一點，如果此時我們很輕易地讓客戶殺價成功，反而會失去自己的信用。

曾經有一個客戶這樣對我說：

「只要再便宜個一百萬日圓，我就跟你簽約。」

我向主管、老闆低頭，公司好不容易才批准了這一百萬日圓的折扣。

沒想到，當我跟客戶報告這個好消息時，他竟然對我說：

「怎麼會這樣呢？我隨口說說，就可以便宜一百萬。那要是我沒有講，不就是我自己吃虧嗎？我再也不相信你了！」

我費盡心思，才讓公司批准這個折扣，客戶竟然大為光火，拒絕與我簽約。沒有什麼比這還要令人感到失落、悲慘的事了。

所以在這個時候，我們不能輕易地答應客戶的要求，要用介紹新客戶當做是額外折扣的交換條件，這樣處理會比較好。

這一點很重要，請各位一定要記得。

讓客戶安心介紹的兩個重點

光憑方才介紹的說詞，客戶是不會介紹新客戶給我們的。

我們還得再推他一把。

我：「我們只需要把介紹表交給公司就行了，寫誰都可以。」

客戶：「誰都可以嗎？」

我：「像是您的兄弟姊妹，或者是同事、朋友，只要寫一下他們的名字就可以了。」

這麼說，只為了讓他們對於介紹的對象有具體的印象。

然而，就算是朋友、同事，客戶也不會隨便說出他們的名字。

因此，我們在說的時候需要再加一把勁。

客戶：「朋友同事有是有啦，可是我總不能隨便報他們的名字吧！」

我：「就算您介紹他們，我們也不會突然打電話或者去拜訪他們的，請您放心。」

客戶：「真的嗎？不然的話我會很不好意思。」

我：「我們不會對您介紹的人造成困擾的，請您放心。」

客戶：「就算我那個朋友完全沒有想要蓋房子的意願也可以嗎？」

請客戶幫忙介紹新客戶是一石二鳥！

如果客戶願意幫忙介紹……

▶ 挖掘新客戶毫不費力，更可以提高簽約率

如果客戶不願意幫忙介紹……

▶ 讓客戶留下「這個業務員很認真地在為我想」的好印象

結論：開口請客戶幫忙介紹新客戶很划算！

我：「對，就算他現在完全沒有計劃也沒關係。」

客戶：「好，我會想一想。」

告訴客戶「**誰都可以**」、「**不會給對方造成困擾**」這兩點，客戶就會感到比較安心。

當然，就算我們已經這麼清楚地說明了，有些客戶還是不會願意介紹他的家人與朋友。

不過，像這樣的說法並不會讓客戶產生反感。

反而會讓客戶留下「這個業務員有用心在想辦法給我折扣」的好印象。

因此，請大家安心地請客戶幫忙介紹新客戶吧！

在請客戶幫忙介紹客戶的同時，還可以讓客戶留下「這個業務員很認真地在為我想」的好印象，是個一石二鳥的好方法。

如果客戶願意，請他一次介紹兩個人

正如上述所言，如果能在洽商時巧妙地開口請客戶幫忙介紹新客戶，就可以提高客戶介紹新客戶的機率。

然而，光是這麼說，客戶很容易會忘記。

因為就像我們在介紹加強信時所說的，客戶回家後熱度就會降低。

所以我們必須花些功夫，讓客戶記得介紹客戶這件事。

當時，我所下的功夫是交給客戶一張「介紹表」。

在交給客戶介紹表的同時，還要這麼說。

我：「請在這張表上寫下兩個人的名字。」

客戶：「好。」

我：「如果您想不到適合的朋友，寫您的父母親或親戚也可以。」

客戶：「我明白了。」

我：「那麼麻煩您下週過來的時候，把這張表帶過來。」

活用一些工具，客戶介紹起新客戶也會比較方便。

此外，請容我再重複一次，一定要向客戶強調「誰都可以」這一點。

重點是要盡可能消除客戶介紹新客戶的障礙。

介紹表的部分，可以使用公司既有的表格，或者依照下一頁的格式，製作一張可以寫下兩人資料的表格。

可能已經有讀者注意到了，我會盡量讓「**客戶一次介紹兩個人**」。

我嘗試過許多可能，結果發現兩個是最好的數目。

為什麼兩個是最好的選擇呢？

介紹表範例

客戶介紹表

負責業務：

姓名	（　歲）
住址	
電話	
服務單位	
備註	

姓名	（　歲）
住址	
電話	
服務單位	
備註	

有兩個原因。

第一個原因是「**業務員不喜歡看到將來有可能成交的客戶變少**」。

只要我們和一個客戶簽約，就表示將來有可能成交的客戶少了一人。對業務員來說，看著有可能成交的客戶愈來愈少，心情一定會受到影響。而尋找有可能成交的客戶又得花上一段時間。

只要我們在這個時間點補充新客戶，就不需要花時間到處尋找新客戶。

當時，客戶幫忙介紹的新客戶之中，每兩個就會有一個跟我簽約。

在我業績轉好的那三年，平均起來大概有將近百分之五十的客戶願意介紹新客戶。

等客戶入住後再請客戶幫忙介紹的話，大概要拜託二十個客戶，才會有一個客戶願意幫忙介紹。光是改變一下請客戶介紹新客戶的時機，成功的機率就整整提高了十倍之有。

如果一個客戶可以幫忙介紹兩個新客戶，那麼就算我們和多少客戶簽約，將有可能成交的客戶數量都不會受到影響。

另一個原因是「**介紹兩個人對客戶來說比較容易**」。

如果請客戶介紹一個人，他們就得很仔細地考慮要介紹誰，換做是兩個人，客戶介紹起來也比較輕鬆。

那麼介紹三個人呢？

三個會讓人覺得太多了點。

事實上，如果一次請客戶介紹三個人，客戶願意幫忙的機率就會銳減。

自從我開始請客戶幫忙介紹之後，我就再也不需要自己去挖掘客戶了。

就像前面說的，尋找新客源得花上一段時間。

如果各位希望早日讓業績好轉，這個方法就不可或缺。

請各位把目標放在成功率百分之五十。

請各位以此數字為目標，讓客戶一次介紹兩個人。

客戶願意介紹其他客戶的原因

為什麼還在洽商階段的客戶會願意幫忙介紹新客戶呢？

讓我從客戶的心理層面來稍微說明一下。

大多數客戶都希望能用比較好的條件來購買商品。

希望用便宜的價格買到好東西——有這樣的想法非常自然、正常。

因此，就客戶的心理來說，在購買商品之前，會給予業務員許多協助。

但是，這僅限於「**購買商品之前**」。

舉例來說，當你想買一台電腦而向店員詢價。

如果店員對你說：

「只要你推薦一個朋友，就可以擁有三萬日圓的折扣，而且我們不會給您的朋友造成任何困擾。」

客戶購買商品前後的心理變化

購買前

希望能以比較好的價格買到商品，
因此會給予業務員許多協助。

購買後

既然已經買了，購買條件就不會受到
影響，因此不會給予業務員協助。

請善用客戶「希望得到一些好處」的心理，在客戶購買商品（簽約）前，請客戶幫忙介紹新客戶吧！

你一定會很認真地想應該要介紹誰比較好。

但是如果是在購買商品之後，情況又會是如何呢？

「感謝您的購買。不知道您能不能幫我們介紹您的朋友呢？我們不會造成您的朋友任何困擾。」

當店員這樣對你說，你會怎麼想呢？如果這個店員的服務很好，也提供了很多優惠，我們自然會覺得很感謝。但在購買商品之後，很少客戶會願意特地幫忙介紹新客戶。

萬一介紹朋友，卻發生什麼問題，說不定會影響到自己與朋友之間的關係。

你沒有理由冒著這種風險為業務員介紹新客戶。

雖然這麼說不太得體，但客戶其實就是因為「希望得到一些好處」，才會認真幫忙介紹新客戶的。

因為「**介紹了新客戶，自己也會獲得好處**」，所以才會積極地尋找介紹對象。

當然有些客戶很親切，即使購買了商品也會願意幫忙介紹新客戶，但這種客戶畢竟不多。

所以還是在簽約前請客戶幫忙介紹會比較好。

提供被介紹者優惠以提昇介紹率

就如前述所言，若對客戶自己有所好處，就會積極地找尋介紹對象。

但是如果只有自己有好處，有些人會覺得好像在出賣朋友。

換句話說，如果被介紹的朋友沒有獲得任何好處，客戶的心理也會感覺有所不安。

所以，我們也要提供被介紹者一些好處。

雖說是好處，其實也不用想得那麼難。

其實，只要送點小禮物就可以了。

客戶一旦想到介紹的朋友可以拿到禮物，介紹時心裡會比較沒有負擔，而且也比較好跟朋友開口。

客戶：「可以借一下你的名字嗎？」

朋友：「要做什麼？」

客戶：「我現在要買〇〇，他們說只要介紹朋友就可以有優惠。不會造成你困擾的，而且還會送你〇〇元的禮券哦。」

朋友：「哦，這樣啊……我最怕麻煩了。沒關係，你就用吧！」

如果不只是自己，對朋友來說也有好處，介紹率自然就會提昇。除了禮券，還

可以送便利商店儲值卡或遊樂園的門票等。

總而言之，請花點心思讓客戶也能獲得好處。

無論是誰，都一定會派上用場

就算請客戶幫忙介紹，新客戶也不一定會馬上購買商品。

許多新客戶目前完全沒有這方面的計劃。

我的客戶也介紹了很多這樣的客戶給我。

也許有人覺得客戶介紹這種客戶一點意義也沒有。

然而，我因此而獲得的合約卻出乎意料地多。

大約在六年前我蓋了自己的房子。

當時我才二十九歲，在朋友之間，我是第一個自建住宅的人。

自從我蓋了自己的房子後，短短兩、三年間就有五、六個朋友也自建住宅。

從一個客戶開始的「購物的連鎖」

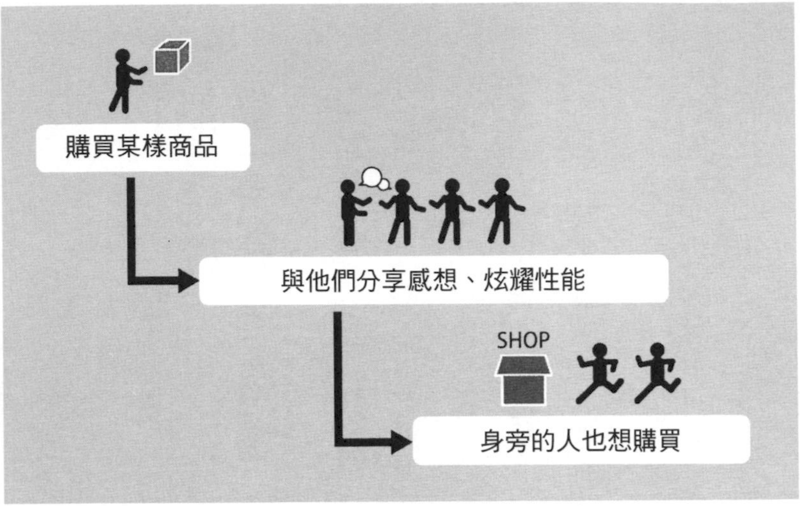

除了房子，其他商品也有相同的情形。

人只要買了什麼東西，就會想要跟別人分享。

許多人聽到這些朋友分享的經驗，接著看到實物，然後自己也會產生購買的欲望。

客戶會介紹的人，應該都是感情還不錯的人。也就是說，這個「**購物的連鎖**」發揮效用的可能性很高。

因此不管客戶介紹誰，都應該加以重視。

就算客戶介紹的人一開始完全沒有這方面的計劃，但是過一陣子後，許多人就會因為「連鎖」的效應，變成將來有可能成交的客戶。

就這層意義來說，一個客戶身邊會有許多將來有可能成交的客戶。

無論是什麼樣的客戶，一定會有家人、朋友或是同事。

所以，從這個觀點來看，請各位一定要請客戶幫忙介紹。

無論客戶介紹的是誰，一定會成為你重要的「寶物」。

與被介紹者的接觸方法

那麼，我們應該要如何與這些「寶物」接觸呢？

一開始，請先寄一封如165頁的問候信給客戶介紹的朋友。

接下來就像接觸一般客戶般寄一些「重要訊息」過去。

但是到目前為止，我們並沒有見過這些新客戶。

我們當然不能就這樣突然地把東西寄去，必須花一些心思才行。

不過我們也很難打電話給對方，告訴對方「我會寄一些資料給您」，這樣實在很唐突。

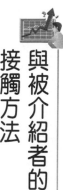

那麼，我們應該怎麼做才好呢？

我嘗試過許多方法，最好的方法如下。

簡單來說，就是**請介紹人**（還在洽商階段的客戶或已經簽約的客戶）**幫忙**。

我們與介紹人見過幾次面，已經建立了一定的關係。

這時候就拜託介紹人：

「我想寄一些資料給之前您介紹的朋友，可以請您幫我跟對方打聲招呼嗎？」

之後，只要確認介紹人已經跟對方提過這件事，我們就可以寄問候信與重要訊息過去。

接觸素不相識的客戶時，最好的方法就是請他人幫忙介紹。

除了請客戶介紹客戶，此時也要請客戶予以協助。

寫給被介紹者的問候信

〇〇先生／小姐

初次見面，您好！我是〇〇公司的菊原智明。

我是經由〇〇先生／小姐介紹而能認識您，在此寄送資料給您，希望能作為您的參考。

我先介紹我自己。

我生於 19〇〇年，今年〇〇歲，是群馬縣高崎市人，求學和進入社會工作一直都沒有離開群馬縣。

從事住宅營業工作已經邁入第 10 年（光陰似箭、歲月如梭啊！）

靠著大家的支持，手上已經經手過客戶〇〇個建案。

我從這些客戶身上學到很多。

這些經驗讓我能夠提出更佳的企劃案來，以此回饋給客戶。

我在三年半前也開始自建住宅。

從開始蓋自己的房子之後，更讓我能夠與客戶產生同理心。

我認為這樣的經驗如果能讓我對各位自建住宅時能有所幫助的話，將是我的榮幸。

資料一併同郵件送達。

歡迎蒞臨高崎展示中心指教！

能提供更多具體的參考。

期待與您的見面！

＊來展示中心時別忘了請跟我打聲招呼！

〇〇房屋（株）

聯絡地址→　000-000-000

連絡 mail⇒　0000@000000.ne.jp

菊原智明

一定要向介紹人報告接洽過程

各位與被介紹者聯絡，進入洽商階段時，一定要記得這件事。
也就是向介紹人報告與被介紹者之間的接洽過程。
如果忽略了這一點，可能會失去彼此之間的信賴關係。

事實上，我曾經失敗過一次。
某個客戶的朋友經客戶介紹後，突然到樣品屋展示中心參觀，並且跟我預約下次洽談的時間。

當時，我並沒有向介紹人報告這件事。
之後，介紹人得知這件事後，心裡便不太舒服。
不僅是與新客戶的洽談不順利，我還失去了與介紹人之間的信賴關係。

這件事讓我引以為戒，在那之後，就算只是些小事，我也會向介紹人報告。

只要我們不忽略這個動作，介紹人一定會成為我們的有力靠山。

有時候介紹人甚至還會說「我常常幫你說話呢」。

為了讓介紹人站在我們這一邊，請一定要記住這件事。

由是否願意介紹來深入了解客戶

請目前仍處於洽商階段的客戶幫忙介紹新客戶，除了可以增加將來有可能成交的客戶數外，還有一個很大的優點。

那就是可以藉由客戶的選擇來掌握客戶的購買意願。

當我們對客戶說：

「只要您介紹您的朋友，我們就可以提供額外的優惠。」

這時，願意介紹朋友的客戶與我們簽約的可能性就很高。

相反地，如果客戶只是想來比價，就會對這個話題產生反感。

「為什麼我要幫你介紹朋友啊！」

會生氣的客戶，一定不會買。

掌握客戶購買意願不是件簡單的事。

然而，我們可以**藉由是否願意介紹來有效判斷客戶的心理**。

此外，與其對客戶說「請您用這個價格跟我們簽約吧」，倒不如對客戶說「能不能介紹一些您的朋友……」這要簡單得多了。

從這個觀點來看也有好處，希望各位一定要多多請客戶幫忙介紹。

第5章

重點整理

- 提出估價單時是請客戶幫忙介紹最好的時機。
- 「誰都可以」、「不會造成對方困擾」這兩點能讓客戶安心地幫忙介紹。
- 為了自己與客戶著想，請客戶一次介紹兩個人。
- 客戶之所以願意幫忙介紹，是因為對客戶本身有好處。
- 也要提供被介紹者一些好處。
- 無論客戶介紹誰，都是業務員的「寶物」。
- 不可以忽略向客戶報告經過這件事。
- 客戶如果願意介紹朋友，簽約的可能性就很高。

第6章

減少無謂的工作——頂尖業務員工作術

以「待辦事項清單」消除焦慮與不安

「糟糕！我忘了交那張申請表了！」

「對了！要打電話給那個客戶才行！」

晚上要入睡前總是會想起一些該做的事。

而且，愈想就愈睡不著，兩個眼睛睜得大大的。

到了隔天早上，因為前一夜沒睡好，只好一邊揉眼睛，一邊焦躁地準備今天堆積如山的工作……。

你是不是也曾經有過這樣的經驗呢？

以前的我常常發生這種事。

「待辦事項清單」範例

- □打電話給吉田先生（客戶）。
- □打電話給設計師，請他們幫忙更改圖樣。
- □向監工確認追加工程。
- □到國稅局拿所得證明。
- □打電話向業者確認。
- □委託業者協助保養。

在這種情況下醒來，昏昏沉沉地，頭腦一點都不清楚。

若是在這種情況下開始工作，工作效率自然不高。特別是上午，經常還沒提起勁，上午的時間就結束了。

這樣一來，工作時老是渾渾噩噩地，最後就會開始自暴自棄。

後來，我開始習慣在前一天晚上製作「明日待辦事項清單」。

這麼做是為了把那天晚上想到的所有事情條列出來。

我製作的「待辦事項清單」，其實就是簡單的筆記而已。

這麼做有什麼好處呢？

可能是因為我把該做的事都清楚地條列下來，所以頭腦就很清醒，也因而覺得安心起來。

拜這一個動作之賜，我變得不會想東想西，可以睡得很好，一覺到天亮。

「待辦事項清單」讓你一大早便火力全開！

清單還有其他作用。

當我們製作了清單，一到公司就可以馬上開始工作。

已經決定好要做哪些事，和還沒有決定要做哪些事之間其實相去甚遠。如果已經決定好要做哪些事，就沒有時間猶豫。**而且每完成了一項工作，就會想繼續進行下一項工作，形成一種良好的工作節奏。**

舉例來說，當我們完成「打電話向業者確認」這項工作。

雖然這項工作的本身可能微不足道，但這項工作卻能為一連串的工作立下好的開始，讓我們能夠積極地持續進行其他工作。

我自己在製作工作清單前，從來沒有想過自己會這麼積極地想要工作。在這之前，我每天上午都昏昏沉沉地，常常連一件能稱得上是工作的事情都沒做好。

然而單單地憑藉著清單的力量，以往因為我拖拖拉拉，耗費一整天可能還沒有辦法完成的工作，現在只要一個上午就可以輕鬆解決。

如果一大早就火力全開，轉眼間就可以解決清單上的待辦事項。

一旦上午建立了完美的工作節奏，之後的工作也會非常順利。

通常只要上午有個好的開始，我們就會覺得「不知道為什麼，今天工作進行得特別順利呢」。

就這點來說，「待辦事項清單」是讓我們一大早就火力全開的啟動裝置。

當然，我們也可以在平日的工作中活用「待辦事項清單」。

以前的我，常常因為必須同時處理多項工作而感到手忙腳亂。

由於腦袋想著其他工作，所以沒有辦法專心於眼前的工作。

不管心裡再怎麼急，工作也不會有所進展。

但偏偏就在這個時候，一個一個的工作陸續進來。工作愈是增加，進度就愈是落後。

這對心理層面來說也不是一件好事。

如果處理工作時手忙腳亂，往往就算很忙碌，工作也不會有什麼進展。

這時候，我會把新增的工作寫入「待辦事項清單」上。

把要處理的工作寫下來，該做什麼事就一目了然，心情也會比較輕鬆。

而且處理完一件工作，就在待辦事項上劃線做記號，也會變成一種快感。

一旦工作增加，就把待辦事項寫在清單上，完成後再劃線把工作刪掉。

不只是上午，我們平常工作時就可以善用清單。

「待辦事項清單」是一項很棒的工具，它可以讓我們一大早就火力全開，而且不管我們再怎麼忙碌，只要有清單，頭腦就可以保持清醒，冷靜地把工作解決。

早上的三十分鐘＝晚上的兩個小時

雖然我們說明了待辦事項清單的效用，說不定還是會有人覺得上午工作起來總是不太順利。

我以前也是這樣。

「啊……得去公司了……」

看著時間，距離出門的時間愈近，我的心情就愈低落。

特別是業績不好的時候，這種情況就日復一日地不斷上演。

我總是拖到最後一刻才出門，每天都得趕時間，深怕自己遲到。

每天出門上班，我的腳步就像綁了鉛塊一樣，無比沉重。

但是，當我的業績開始好轉時，工作量也就急速地增加。

早上的黃金 30 分鐘

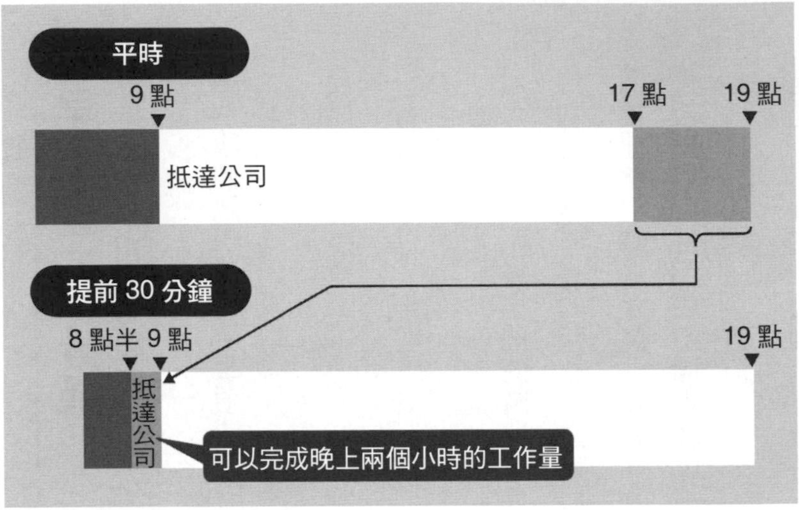

「要早點出門才行。」

這樣一想，我每天早上一定會提前三十分鐘出門。

當我比其他人早到公司的時候，會有一種成就感，做起事來也特別有勁。

一大早，在沒有人的公司裡，心情感到很平靜。

電話不會響，也不會被其它人打擾。

因此工作時不會處理到一半，突然被打擾，可以很順利地完成。

因為處理起來十分順暢，平時晚上要花兩個小時才能完成的工作，我常常利用早上的時間來處理它們，而且都只花了三十分鐘的時間。

提早到公司的效用還有很多。

例如，著有《仕事が10倍速くなるすごい！法》（提昇10倍工作效率超工作法！三笠書房出版）等書籍的業務諮詢顧問松本幸夫也曾經說過：「早上的三十分鐘可以完成三個小時分量的工作」。

早上三十分鐘的價值遠遠超過大家的想像，請大家參考本書及其他書籍，試著開發三十分鐘的最大能量吧！

提前三十分鐘抵達辦公室的優點

「我知道提前三十分鐘到公司有很多好處，但我就是做不到啊。」

以前，我也曾經沒有辦法早起，所以我很了解說這句話的人的心情。

但現在的我知道提前三十分鐘到公司有太多好處，所以我還是有話想對這些人說。

事實上，提前三十分鐘到公司，最大的好處並不是讓工作處理起來很順利。提前三十分鐘到公司的最大好處在於「**讓你心情好到一直想工作**」。

我會這樣說的理由如下。

提前三十分鐘到公司，自然地就會在公司迎接其他同事。

「早！」

「早安！」

跟所有同事打招呼後，心情自然而然地就會變得好起來。

此外，就算沒有特別要做的事，提前三十分鐘到公司自然就會想要開始工作。

完成一件小事，就會讓人因為「完成了一件工作」而感到很滿足。

這種感覺真的很好，只要體驗過一次就會上癮。

我還在公司上班的時候，有位主管也會很早就到公司。以前我會覺得很不可思議。

「都已經做到主管了，為什麼還要那麼早到公司呢？」

現在回想起來，我相信那位主管一定也明白提早到公司的感覺很好吧！

自從我體驗過那種感覺後，我每天都提前三十分鐘到公司。

不管是早會還是打掃，我的心情一直很好，而且可以用最佳狀況來迎接一整天的工作。

哪怕只有一次也好，請各位一定要嘗試看看。

一旦你體會了那種絕佳的感覺，一定會每天都想提早到公司的。

你為工作訂出明確的目標嗎？

我想問各位一個問題。

沒有「目標」的人無法衝刺

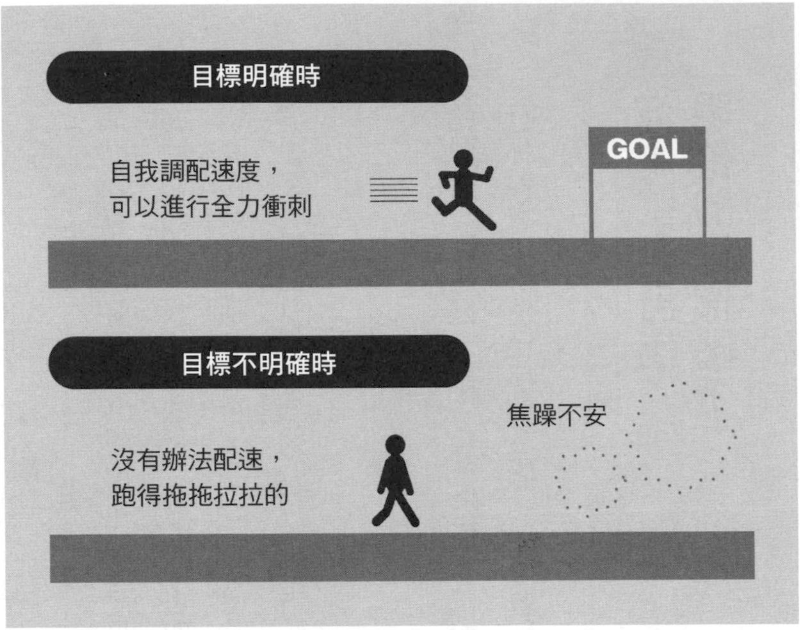
目標明確時
自我調配速度，
可以進行全力衝刺
GOAL
目標不明確時
焦躁不安
沒有辦法配速，
跑得拖拖拉拉的

如果一定要在下面兩種路程中選一條，你會選擇哪一條呢？

①目標在前方五公里處的路程。

②不知道目標在哪裡，只能一直向前跑的路程。

針對這個問題，相信選擇②不知道目標在哪裡的路程的人一定很少。

一旦目標確定，我們就可以預估自己大概要跑多快。

另一方面，如果目標不明確，我們就不知道要跑多快才好。

既然目標不明確，我們就無法全力衝刺，很有可能跑得拖拖拉拉的。

工作也是一樣的道理。

我們應該要為工作訂出明確的「時間目標」。

一旦決定了時間，我們就會朝著這個目標全力衝刺，精神自然也會比平常集中好幾倍。

無論在什麼樣的情況下，都要設定目標

要請各位確立工作目標時，可能有人會說：

「我也想下班回家啊，但我業績那麼差，怎麼敢回去啊？」

的確，不是所有人都可以準時下班回家的。

我非常了解這種心情，因為我自己也加班加了好幾年。

明明已經沒事了，但主管還沒有離開，自己的業績又不好，所以只能乖乖地待在辦公室裡。

這種情況真的很難熬。

然而，這種情況持續久了，並不是件好事。

比如說，常常不到晚上十點，沒有辦法回家。

我們很有可能會因此而養成拖拖拉拉，把工作拖到十點才做完的習慣。

就如前文所述，我維持這個習慣維持了好幾年。

「反正又不能準時下班。」

這個念頭會讓我們把一份工作拖了又拖、拖了又拖，最後會造成我們工作時精神沒辦法集中的問題。

當時的我曾經工作到超過半夜十二點（雖說是工作，但其實我只是待在公司裡而已……）。

每天這樣工作下來，我已經麻痺了。如果那天可以十點多離開公司，我反而會覺得今天好像沒有工作到。

失去目標的我，開始會下意識地做一些無意義的工作。

畫一些不需要的圖、查一些不需要的資料……。

我甚至會因為做了這些無意義的工作，覺得「我工作到好晚哦！」而產生一種奇怪的成就感。

當然，在我業績不振的那段時間，我也曾經真的很忙。

準備提供給客戶的資料、製作報告、企劃書、估價單、簡報……。

有時候因為願意與我洽談的客戶剛好很多，所以會很忙，但這種情況一個月差不多只會有一天，其他時間真的沒有那麼多事情。

但是因為我已經習慣晚歸，所以就算沒事，我也會在公司待到半夜十二點。

自從我的業績開始好轉，我才開始下定決心，讓自己下班的時間不斷地提前。

我工作前會先對自己說：

「今天要做完手頭所有工作，而且要六點準時下班。」

當我開始決定訂定目標，事情出現了戲劇化的轉變。

就像前面說的，一旦設立了目標，就會全力衝刺，工作效率之高，和以往的情況相比根本無法相提並論。

即使我的工作已經作完，只是因為主管還在，所以還不敢離開。

請處於這種情況的人一定要為自己的工作設定一個結束時間。

比如說「在晚上七點以前完成所有工作，其他時間則拿來自修」。

就算沒有辦法自由決定下班時間，還是要設定一個目標。

當我們有了明確的目標，我們的行動就會跟著改變。

首先，你可以做的，就是請各位自己決定什麼時候要結束今天的工作。

有了「小目標」，就能專心工作

目標不一定要擺在一天的最後。

當我還在上班的時候，中午休息時間，我會和同事一起到外面用餐，順便做些

設定「小目標」

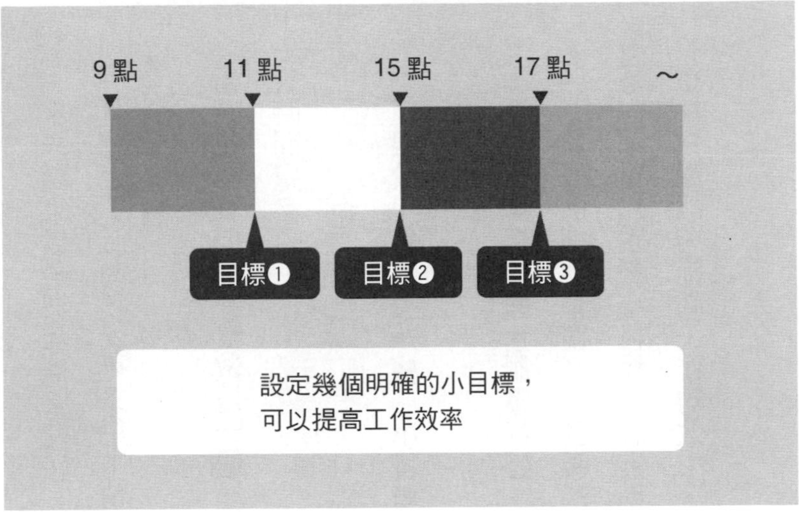

交流。

我喜歡新的餐廳，常常收集新餐廳的資訊，餐廳一開幕，我就會馬上光顧。有時候甚至會在前一天就決定隔天的午餐。

我：「你知不知道附近開了一間新的拉麵店啊。」

後進：「我還沒去過，但我知道那家店。」

我：「我們明天一起去吃看看。」

那時候，午餐是我工作時最大的樂趣。

此外，對於把工作集中在上午的我來

說，午餐是一個「小目標」。

「十一點半以前把估價單做好，再好好吃頓午餐。」

一旦確定了時間，就可以集中精神處理手邊的工作，無形中也就提高了工作效率。

如果我沒有把午餐當做是一個「目標」，那我很可能就會拖拖拉拉，說不定到了午餐時間還必須工作。

不僅限於午餐，有一些「**小目標**」是很重要的。

「三點以前把這個企劃書打好，來吃個布丁吧！」

「五點以前把圖準備好，到吸菸室抽根菸吧！」

這些都可以說是小目標，設定小目標，達成後就給自己一個獎勵。

這樣做就能夠提高工作的效率。

用力想像準時下班後可以做的事

只要設定幾個小目標，你就可以比以前要提早完成工作，也可以養成早點下班的習慣。

接下來，我們要用力地想像「準時下班後可以做的事」，使得早點下班的習慣更加根深柢固。

前面我提到，我曾經每天工作到半夜十二點。

雖然說是半夜十二點，但我不可能跑業務跑到半夜十二點。到客戶家拜訪及電訪，大概在晚上九點前就會結束。

當時我有拜訪恐懼症及電訪恐懼症，但我又不能在辦公室裡發呆到晚上九點，因此我通常會在外頭閒晃來打發時間。

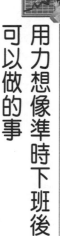

一回到公司，我的肚子就會很餓，這時候從大賣場買來的泡麵就派得上用場。於是，「今天要吃什麼好呢？」選擇泡麵的口味就成了我每天晚上少數的樂趣之一。

但這種生活持續了六、七年後，無論誰都會覺得很膩。

就算再怎麼喜歡泡麵，還是會對這種食不知味的飲食生活感到厭倦，而且會出現強烈的欲望——「好想在家吃些好吃的」。

「早點下班，在家吃些好吃的！」

這就是我當時用力想像的「準時下班後可以做的事」，雖然可能有人會覺得「怎麼那麼無聊啊」。

然而這對連續七年都對著辦公桌吃泡麵的我來說，這真的足以成為早點回家的一大動力。

「想早點下班！」

很多人只會這麼想。

但我希望大家可以想像一些更具體的內容。

- 早點下班和朋友聚餐
- 早點下班去健身，保持身體健康
- 早點下班和家人、孩子共渡夜晚時光

無論什麼都好，請明確地說出你想早點下班的目的。

這個目的愈是具體，你渴望早點下班的心情就會愈強烈才是。

隨時保持整齊，就可以避免麻煩並節省時間

我以前很不會整理東西。

雖然現在我的房間仍然稱不上整齊，但是當我還是建設公司業務員的時候情況

更糟。

我的桌子有一半以上的面積都堆滿了資料，我只能在僅存的狹窄空間裡工作。

在我業績不振的那段時間，這還不成問題。

因為我平均三～四個月才會拿到一個合約，所以重要的資料並不會增加很快。

就算隨手放著，也可以馬上找到。

但是，當我的業績好轉，負責的客戶也就愈來愈多。

我賣出去的房子是原本的四～五倍，也就是說，我手邊重要的資料也是以原本的四～五倍的量增加。

當時，我常常一整天都在找同樣的東西。

「奇怪，我明明把配置圖放在這裡的啊。」

「咦？我把客戶蓋完章的資料放到哪裡去了。」

最後往往遍尋不著，只好重新再做一次，或者請客戶再蓋一次章，耗費大量的時間與體力。

除了時間與體力的浪費之外，有時候因為找不到資料，還會導致工程出現與客戶要求不同的結果，引起許多的麻煩。

當我吃盡了苦頭後，決心要改善自己整理資料的方法。

以前因為忙碌，所以我常常不小心就把同一個客戶的資料放在公事包、抽屜、桌面上等不同的地方，這樣當然很容易會找不到。

後來，我開始習慣**將所有資料依客戶來分類，把同一個客戶的資料全部都放在一起**。

光是這樣，就大大地提昇了我的工作效率。

不管是找資料，或是因為找不到資料所以只好重做，這些都是時間上的一種浪費，而且很有可能會引起一些不必要的抱怨及麻煩。

各位一定很容易忽略整理桌面這件事吧！請各位在遇到和我一樣的麻煩之前，隨時留意整理資料的重要性吧！

把同一個客戶的資料放在同一個地方！

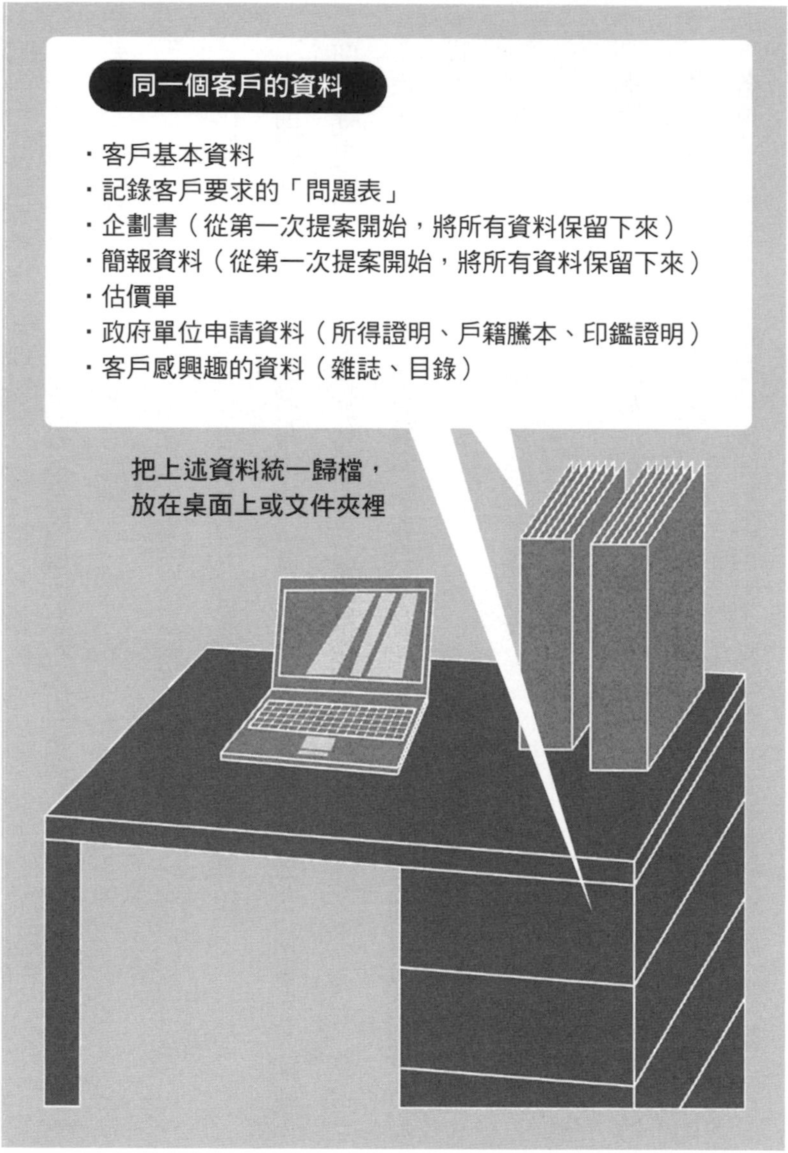
同一個客戶的資料
・客戶基本資料
・記錄客戶要求的「問題表」
・企劃書（從第一次提案開始，將所有資料保留下來）
・簡報資料（從第一次提案開始，將所有資料保留下來）
・估價單
・政府單位申請資料（所得證明、戶籍謄本、印鑑證明）
・客戶感興趣的資料（雜誌、目錄）
把上述資料統一歸檔，
放在桌面上或文件夾裡

只要在下班前用五分鐘的時間將資料整理一下，各位的工作一定會更加順暢。

每天自我檢視時間的運用狀況

只要你是一個業務員，就必須處理許多雜事，不管你喜歡或不喜歡都得處理。

比如說，籌備活動、每日清潔、製作無謂的報告等。

說不定還要固定開個會。

事實上有許多工作很花時間，但卻與業績沒有直接關係。

當然，我不會要大家不要做這些事。

身為團體的一份子，該做的事還是得做好。

但身為一個業務員，最重要的還是要做出業績來。

我們不能忘記這一點。

讓我們用最快的速度，解決這些我們不喜歡卻一定要做的事情吧！

這些固定的工作重視的是速度，而不是成效。**業務員要把時間與體力花費在重**

要的事情上。

為了早點回家，就必須重視時間的分配。

這時候，請不要過於機械式地分配自己的時間。

舉例來說，就算固定要開的會議很無聊，只要我們手邊有「這對跑業務來說很重要」的報告等資料，就可以加以詳讀，趁會議時熟記這些資料。

此外，要隨時回顧並修正自己分配時間的方式。

例如說，如果你是會花時間在下列幾項事情的業務員。

- 為客戶量身打造新的企劃
- 製作企劃書
- 製作簡報

當你留意到自己花了很多時間，卻沒有獲得相當程度的成效，就要修正時間的分配方式。

像是減少思考企劃案的時間，或增加寄送重要消息給這些將來有可能成交客戶的時間。

雖然這個方法不只適用於業務員，但對業務員來說，時間就是一切，時間就等於業績。

請各位再回顧一下自己平常的工作，哪一項最花時間。

只要能掌握這一點，說不定就能留意到可以改善的地方。

先從一週準時下班一次開始做起

「啊……今天又要待到半夜十二點了……」

在我業績不振的那段時間，我每天晚上都會望著時鐘歎息。

明明想要早點回家的……但是我的業績那麼差，怎麼好意思離開呢！

主管還在加班，「那我先回去了！」這句話怎麼也說不出口。

除了等主管回家以外，我別無他法。

但待在公司也沒有事情可做，所以我每天晚上十點～十二點這段時間都過得非常痛苦。

就算我心裡明白陪主管加班這件事不太好，但卻沒有辦法擺脫這個習慣。

即使，我利用本書提到的做業務方法及工作術，減少了許多無謂的工作，但還是沒有辦法開口說要準時下班……。

這樣的業務員至少可以先從**一週至少準時下班一次**開始做起。

就算業績還沒有獲得大幅的改善，但一週準時下班一次，應該對工作沒有任何妨礙吧？

「那我先回去了！」

一星期只要一次，請提起勇氣說出這句話。

工作到深夜的業務員難以維持好業績。

就算能在短期間內衝高業績，也沒有辦法持久下去。

這是我個人的親身體驗。

此外，就我所知，長時間保持好業績的業務員們個個都很重視自己的私生活。

晚上一定會盡可能早點下班，把握自己的時間以及與家人相處的時間。

一個每天都工作到很晚，回家就只是睡覺的業務員，和一個認真工作，認真玩樂並珍惜與家人相處時間的業務員，兩者之間有非常大的差別。

後者除了工作，還有許多人生經驗，談話時話題也會很豐富。

可能有人會說「業務員只要懂商品就好了」。

但是業務員這份工作，與客戶接觸的時間很多，而且通常會和客戶變成朋友。

我們必須在談話內容中穿插一些流行話題或有趣的事。

希望大家不要只了解商品，其他事物卻一概不知才好。

偶爾早點下班，與家人共渡夜晚，或者培養自己的興趣、專長。

日子久了，你的魅力指數絕對會增加。

在成為一個積極的業務員之前，請先充實自己的生活吧！

如果自己不幸福，就沒有辦法真正地為客戶服務。

早點下班，也是為了擁有好業績。

首先，請先踏出第一步，從一週至少準時下班一次開始做起。

第6章

重點整理

- 使用「待辦事項清單」讓你一大早就火力全開。
- 提前三十分鐘到公司可以完成晚上兩個小時分量的工作。
- 提前三十分鐘到公司還能讓你擁有好心情。
- 設定「一天的目標」及「小目標」提高工作效率。
- 養成每天花五分鐘整理資料的習慣。
- 重新檢視自己一整天的時間分配方式。
- 從一週至少準時下班一次開始做起。

結語

衷心感謝各位讀者閱讀本書。

目前，為服務每位業務員，我開設了一個網路課程。

不用拜訪就能擁有好業績講座（http://kikuhara.jp/）

我曾經問一些會員為什麼他們想要入會，以前有很多人會這樣回答。

「我不想再打擾客戶。」

「我希望不用拜訪，就可以做出業績。」

因為我將這個課程取名為「不用拜訪就能擁有好業績講座」，所以大部分會員都是因為希望不用拜訪，就能擁有好業績而來。

然而，最近情況有了改變。

當然還是有會員是因為不想拜訪而入會，但愈來愈多人是因為家庭因素而入會。

「我如果繼續每天工作到那麼晚，我太太一定會離開我。」

「我們有了小孩，我希望可以早點下班。」

基於這些理由而入會的人愈來愈多，其中有些人其實已經離婚了。

「擁有好業績∧不希望繼續超時工作。」

業務員們的觀念有了改變。

事實上，許多公司邀請我到他們公司舉辦研討會，在那裡遇到的業務員，有愈來愈多人希望可以改變。

「總之，我想早點下班。」

特別是20幾歲的業務員。

反應出這種情況的是，現在因為有許多頂尖業務員為了家庭因素選擇辭去工作，因此而感到頭痛的公司也愈來愈多。

業績好，當然就代表工作量會增加。

特別是主管級的業務員，除了自己要有好業績，還得照顧下屬才行。

因為如此，往往只好每天工作到三更半夜。

如果是單身者倒還好，但結婚生子以後，就很難繼續以這樣的方式從事業務工作了。

「我希望從事業務這份工作，但家庭因素讓我沒有辦法做下去。」

有些人甚至會一邊流淚一邊這麼說。

我之所以想寫這本書，其中一個原因就是想幫助這些人。

市面上有很多類似以「成為頂尖業務員」為目標的書。

但如果為了成為頂尖業務員就必須犧牲家庭，那實在是件很悲傷的事。

所以我整理了一些竅門，告訴大家**如何利用最少的體力與時間來做出業績**。

我在本文中也曾經提到，在我三十歲前的七年時間，我一直是個很糟糕的業務員。

沒有辦法達到目標，而且業績遲遲不見成長。這樣的業務員是不可能有機會準時下班的。

所以我只好每天毫無意義地在公司待到半夜十二點。

那段時間真的很累，而且常常提不起勁，生活中沒有夢想，也沒有希望。

但隨著我實踐這本書裡提到的工具及方法，我搖身一變，成了一個頂尖業務員，而且我每天都準時下班回家。

這樣的我可以改變，相信你一定也可以。

就算你不再從事討人厭的拜訪、加班工作，你的業績還是會比現在好。

希望擁有家庭的業務員、單身的業務員都可以從這本書開始，學習到如何有效率地從事業務工作。

只要各位實踐這些竅門，甚至自己再下點工夫，相信三個月後、半年後，你一定會為自己的改變感到驚訝。

祝各位業績長紅！

最後，我要感謝日本實業出版社的滝先生，他讓我機會可以寫下這本書。
也要感謝最支持我的內人與小女，她們對我來說最為珍貴。
謝謝你們！

業務諮詢顧問　菊原智明

國家圖書館出版品預行編目資料

不用出門跑業務，業績照樣NO.1 /菊原智明作；
賴庭筠譯. — 初版. ––臺北縣新店市：
世茂, 2010.07
面； 公分.（銷售顧問金典；58）

ISBN 978-986-6363-49-8（平裝）

1. 銷售 2. 銷售員 3. 職場成功法

496.5 99003989

銷售顧問金典 58

不用出門跑業務，業績照樣NO.1

作　　著／菊原智明
譯　　者／賴庭筠
主　　編／簡玉芬
責任編輯／謝翠鈺
封面設計／比比司工作室
出 版 者／世茂出版有限公司
負 責 人／簡泰雄
登 記 證／局版臺省業字第564號
地　　址／(231)台北縣新店市民生路19號5樓
電　　話／(02)2218-3277
傳　　真／(02)2218-3239（訂書專線）、(02)2218-7539
劃撥帳號／19911841
戶　　名／世茂出版有限公司
單次郵購總金額未滿500元（含），請加50元掛號費
酷 書 網／www.coolbooks.com.tw
排版製版／辰皓國際出版製作有限公司
印　　刷／世和印製企業有限公司
初版一刷／2010年7月
二刷／2010年9月

定　　價／240元